1 10までの　かず

がつ 月　にち 日　じ　ふん～　じ　ふん

なまえ　　てん

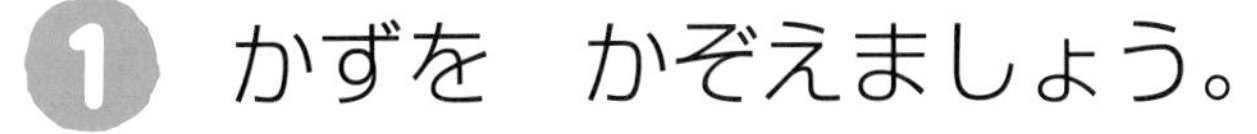

1 かずを　かぞえましょう。

① 

5 こ

② 

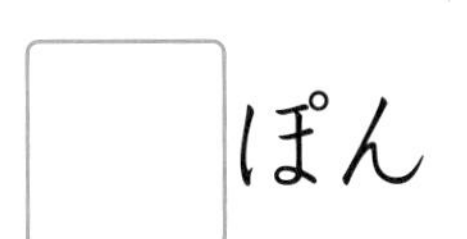

④

⑤ 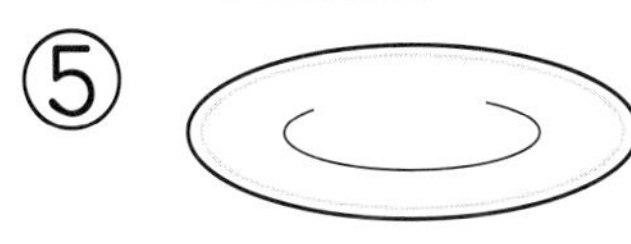

⑥ 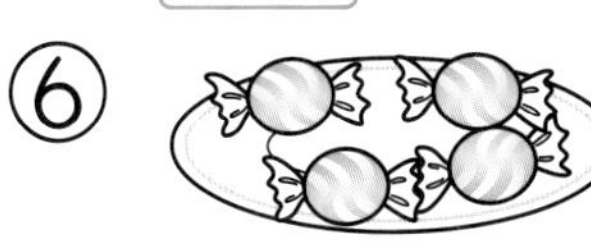

2 □に　はいる　かずを　かきましょう。

20てん(1つ4)

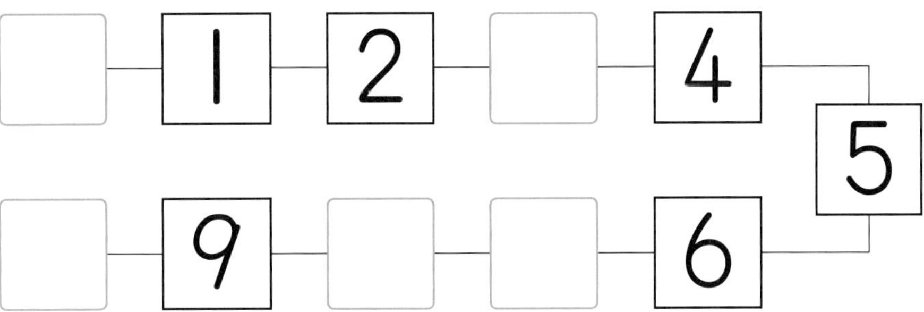

3 おなじ　かずを　――で　むすびましょう。

16てん(1つ4)

3

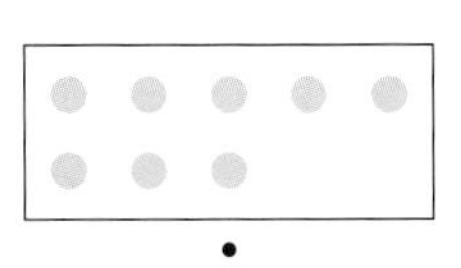

4

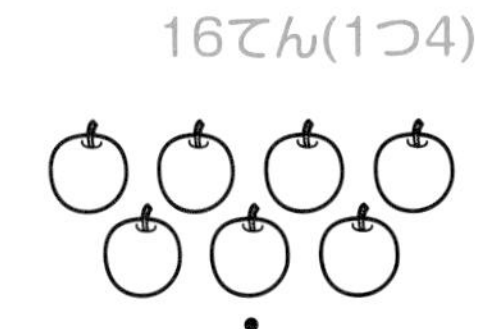

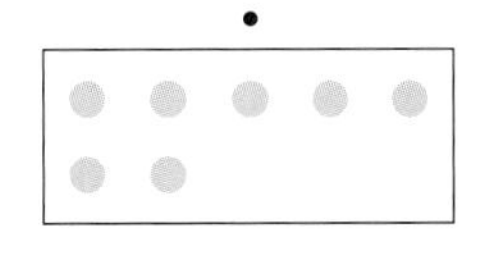

8

❹ すうじと　おなじ　かずだけ　いろを　ぬりましょう。

24てん(1つ4)

①

6	○○○○○ ○○○○○

②

4	○○○○○ ○○○○○

③

3	○○○○○ ○○○○○

④

7	○○○○○ ○○○○○

⑤

9	○○○○○ ○○○○○

⑥

5	○○○○○ ○○○○○

❺ おおい　ほうに　○を　つけましょう。

16てん(1つ4)

①

(　　) (　　)

②

(　　) (　　)

③

(　　) (　　)

④

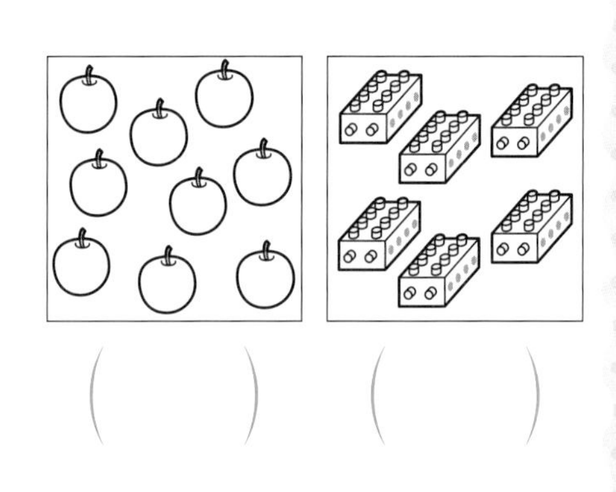

(　　) (　　)

1から　10まで　ゆびを　つかって　かぞえて　みよう。
❹の　かあどは　うえの　○から　さきに　ぬろう。

月(がつ)　日(にち)　じ　ふん～　じ　ふん

なまえ　　　　　　　　　　　　　てん

2 いくつと　いくつ

1 6は　いくつと　いくつでしょう。

8てん(1つ4)

①  1 と 5

②  4 と □

2 7は　いくつと　いくつでしょう。

8てん(1つ4)

①  2 と □

② 3 と □

3 8は　いくつと　いくつでしょう。

8てん(1つ4)

①  3 と □

② 4 と □

4 9は　いくつと　いくつでしょう。

8てん(1つ4)

①  4 と □

② 6 と □

5 □に　はいる　かずを　かきましょう。　40てん(1つ4)

① 5は　3と □

② 6は　3と □

③ 7は　4と □

④ 8は　2と □

⑤ 9は　5と □

⑥ 10は　3と □

⑦ 4は　2と □

⑧ 7は　6と □

⑨ 8は　5と □

⑩ 9は　3と □

6 2まいで　10に　なるように、□に　はいる　かずを　かきましょう。　28てん(1つ4)

1	2	3	4	5	6	7	8	9
9	□	7	□	□	□	□	□	□

くだものや　おはじきを　2つに　わけて　かんがえよう。

3

たしざん ①

がつ にち
月　日　じ　ふん～　じ　ふん

なまえ

てん

❶ たしざんを　しましょう。

54てん(1つ3)

① $3+1=\square$　② $5+1=\square$

③ $8+1=\square$　④ $9+1=\square$

⑤ $1+2=\square$　⑥ $1+7=\square$

⑦ $2+2=\square$　⑧ $5+2=\square$

⑨ $7+2=\square$　⑩ $4+3=\square$

⑪ $6+3=\square$　⑫ $4+4=\square$

⑬ $2+5=\square$　⑭ $3+5=\square$

⑮ $4+6=\square$　⑯ $3+7=\square$

⑰ $2+8=\square$　⑱ $6+0=\square$

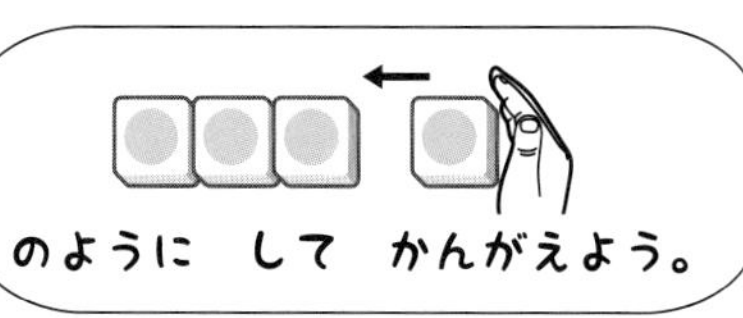

2 たしざんを　しましょう。

46てん(1つ2)

① 2+1=

② 6+1=

③ 1+9=

④ 2+3=

⑤ 3+6=

⑥ 2+6=

⑦ 4+1=

⑧ 4+5=

⑨ 6+4=

⑩ 7+1=

⑪ 7+3=

⑫ 0+0=

⑬ 3+4=

⑭ 5+5=

⑮ 5+3=

⑯ 2+7=

⑰ 3+2=

⑱ 6+2=

⑲ 5+4=

⑳ 8+2=

㉑ 2+4=

㉒ 4+2=

㉓ 0+8=

けいさんれんしゅうボード(ぼうど)で　たくさん　れんしゅうしよう。

4 たしざん ②

がつ 月　にち 日　じ　ふん～　じ　ふん

なまえ　　てん

1 たしざんを　しましょう。

54てん(1つ3)

① 10＋2＝□　　② 13＋3＝□

③ 18＋1＝□　　④ 12＋6＝□

⑤ 11＋4＝□　　⑥ 14＋1＝□

⑦ 15＋3＝□　　⑧ 17＋2＝□

⑨ 14＋4＝□　　⑩ 10＋7＝□

⑪ 12＋3＝□　　⑫ 13＋1＝□

⑬ 13＋5＝□　　⑭ 11＋8＝□

⑮ 10＋10＝□　　⑯ 16＋3＝□

⑰ 11＋1＝□　　⑱ 14＋2＝□

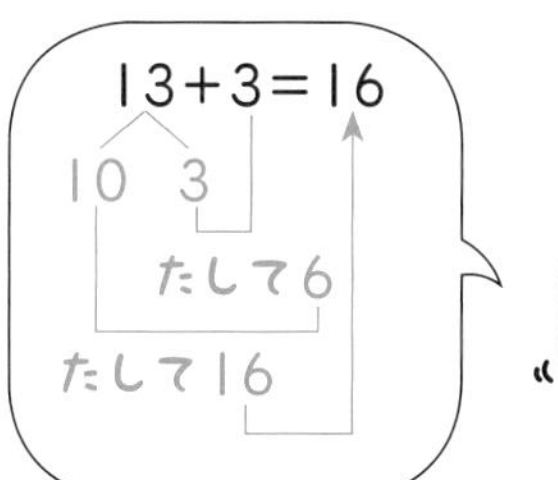

❷ たしざんを　しましょう。

46てん（1つ2）

① 14＋5＝

② 17＋1＝

③ 10＋3＝

④ 12＋4＝

⑤ 16＋2＝

⑥ 11＋6＝

⑦ 15＋1＝

⑧ 2＋10＝

⑨ 13＋4＝

⑩ 12＋3＝

⑪ 10＋5＝

⑫ 16＋1＝

⑬ 11＋2＝

⑭ 15＋4＝

⑮ 7＋10＝

⑯ 12＋5＝

⑰ 14＋3＝

⑱ 13＋6＝

⑲ 15＋2＝

⑳ 10＋9＝

㉑ 11＋5＝

㉒ 6＋10＝

㉓ 12＋7＝

14＋5の　ばあい、14は　10と　4に　わけられるから、
「4＋5＝9、10と　9を　あわせて　19」と　かんがえると　いいよ。

5 ひきざん ①

月 日　じ ふん〜 じ ふん

なまえ　　てん

1 ひきざんを　しましょう。

54てん(1つ3)

① $5-3=\square$

② $7-6=\square$

③ $2-0=\square$

④ $9-5=\square$

⑤ $4-2=\square$

⑥ $10-6=\square$

⑦ $8-4=\square$

⑧ $1-1=\square$

⑨ $6-3=\square$

⑩ $3-2=\square$

⑪ $8-8=\square$

⑫ $10-9=\square$

⑬ $7-6=\square$

⑭ $5-0=\square$

⑮ $10-2=\square$

⑯ $6-5=\square$

⑰ $8-0=\square$

⑱ $3-3=\square$

どんな　かずも、おなじ　かずを　ひくと、
こたえは　0に　なるよ。0を　ひいても
かずは　かわらないよ。

❷ ひきざんを　しましょう。

46てん(1つ2)

① $7-2=$ □

② $3-1=$ □

③ $8-6=$ □

④ $10-9=$ □

⑤ $2-0=$ □

⑥ $5-2=$ □

⑦ $6-4=$ □

⑧ $4-4=$ □

⑨ $9-3=$ □

⑩ $8-7=$ □

⑪ $7-5=$ □

⑫ $6-1=$ □

⑬ $5-4=$ □

⑭ $0-0=$ □

⑮ $10-2=$ □

⑯ $9-6=$ □

⑰ $7-0=$ □

⑱ $3-3=$ □

⑲ $8-2=$ □

⑳ $10-5=$ □

㉑ $6-6=$ □

㉒ $9-4=$ □

㉓ $10-0=$ □

けいさんれんしゅうボード(ぼうど)で　たくさん　れんしゅうしよう。

月　日　じ　ふん〜　じ　ふん

なまえ　　てん

6 ひきざん ②

1 ひきざんを　しましょう。

54てん(1つ3)

①	13－1＝□	②	16－3＝□
③	15－4＝□	④	19－2＝□
⑤	17－5＝□	⑥	14－4＝□
⑦	18－3＝□	⑧	19－6＝□
⑨	16－5＝□	⑩	12－1＝□
⑪	18－7＝□	⑫	15－2＝□
⑬	11－1＝□	⑭	14－3＝□
⑮	19－8＝□	⑯	17－7＝□
⑰	18－6＝□	⑱	16－6＝□

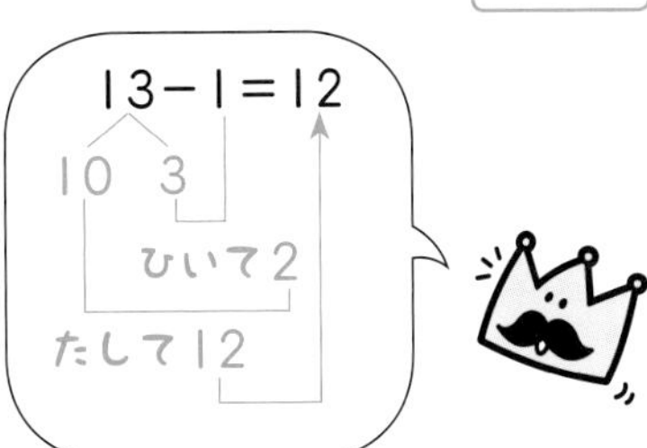

❷ ひきざんを　しましょう。

46てん(1つ2)

① 17－1＝□　② 16－4＝□

③ 19－4＝□　④ 15－3＝□

⑤ 18－2＝□　⑥ 12－2＝□

⑦ 19－7＝□　⑧ 13－2＝□

⑨ 17－3＝□　⑩ 14－2＝□

⑪ 18－4＝□　⑫ 15－1＝□

⑬ 19－5＝□　⑭ 17－4＝□

⑮ 13－3＝□　⑯ 16－2＝□

⑰ 18－1＝□　⑱ 18－5＝□

⑲ 19－3＝□　⑳ 17－6＝□

㉑ 15－5＝□　㉒ 16－1＝□

㉓ 19－9＝□

17－1の　ばあい、17は　10と　7に　わけられるから、
「7－1＝6、10と　6を　あわせて　16」と　かんがえると　いいよ。

7 9+●の　くりあがりの　ある　たしざん

がつ　月　にち　日　　じ　ふん～　じ　ふん

なまえ

てん

1 9+4の　けいさんを　します。□に　はいる　かずを　かきましょう。　10てん(1つ2)

9は　あと　1　で　10　　9+4（1 3）

4を　1　と　3に　わける。

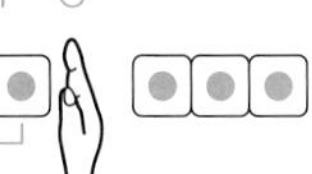

9に　1　を　たして　10

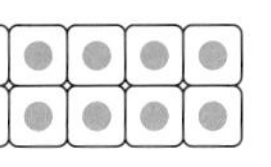

10と　3　で　13

まず、10の　まとまりを　つくろう。9は　あと　1で　10だね。

2 たしざんを　しましょう。　18てん(1つ2)

① 9+3=12（1 2）

② 9+5（1 4）

③ 9+6（1 5）

④ 9+8（1 7）

⑤ 9+9（1 8）

⑥ 9+2

⑦ 9+7（1 6）

⑧ 9+4

⑨ 9+3

3 たしざんを　しましょう。

72てん(1つ3)

① 9＋8　② 9＋4

③ 9＋6　④ 9＋5

⑤ 9＋3　⑥ 9＋2

⑦ 9＋9　⑧ 9＋7

⑨ 9＋4　⑩ 9＋8

⑪ 9＋5　⑫ 9＋7

⑬ 9＋2　⑭ 9＋9

⑮ 9＋6　⑯ 9＋3

⑰ 9＋7　⑱ 9＋5

⑲ 9＋3　⑳ 9＋8

㉑ 9＋6　㉒ 9＋4

㉓ 9＋9　㉔ 9＋2

9は　あと　1で　10に　なるから、まず　9と　1で　10の
まとまりを　つくろう。

8 8+●の　くりあがりの　ある　たしざん

がつ 月　にち 日　じ　ふん〜　じ　ふん

なまえ　てん

1 8+9の　けいさんを　します。□に　はいる　かずを　かきましょう。　10てん(1つ2)

9を [2] と [7] に　わける。

8に [2] を　たして　10

10と [7] で [17]

8+9
2 7

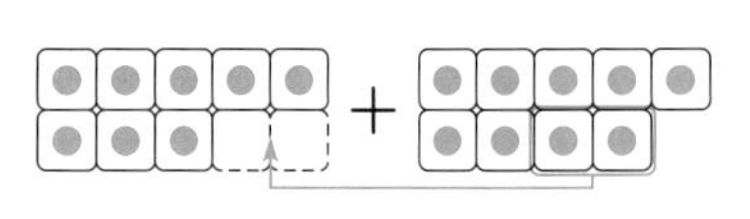

このように　かんがえても　いいよ。

8を　1と　7に　わける。
9に　1を　たして　10
10と　7で　17

8+9
7 1

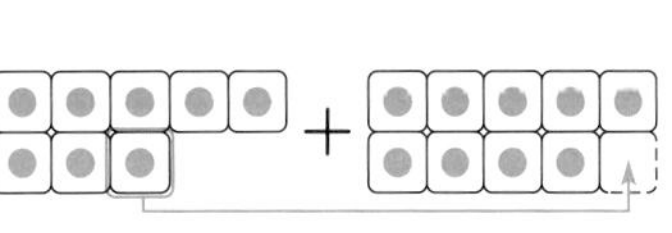

2 たしざんを　しましょう。　18てん(1つ3)

① 8+4 = 12
2 2

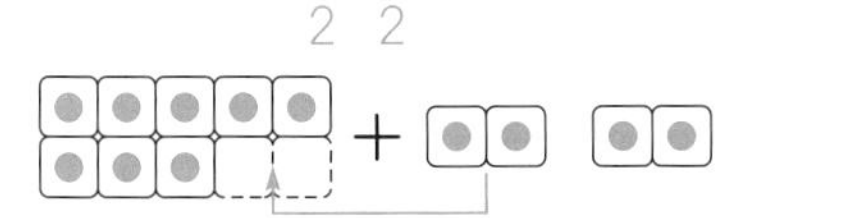

② 8+3
2 1

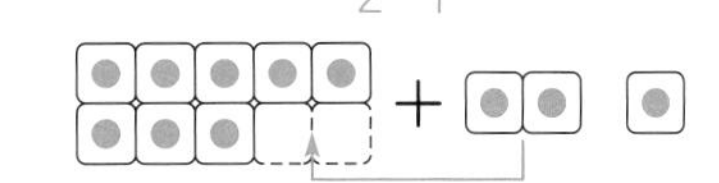

③ 8+6
2 4

④ 8+7
2 5

⑤ 8+5
2 3

⑥ 8+8
2 6

3 たしざんを　しましょう。

72てん(1つ3)

① 8＋3　　② 8＋7

③ 8＋5　　④ 8＋9

⑤ 8＋8　　⑥ 8＋6

⑦ 8＋4　　⑧ 8＋3

⑨ 8＋5　　⑩ 8＋8

⑪ 8＋6　　⑫ 8＋4

⑬ 8＋7　　⑭ 8＋9

⑮ 8＋4　　⑯ 8＋6

⑰ 8＋8　　⑱ 8＋3

⑲ 8＋9　　⑳ 8＋5

㉑ 8＋7　　㉒ 8＋6

㉓ 8＋8　　㉔ 8＋9

8＋7の　けいさんは、「8に　2を　たして　10、…」と　かんがえても、「7に　3を　たして　10、…」と　かんがえても　いいよ。

9 7+●、6+●の くりあがりの ある たしざん

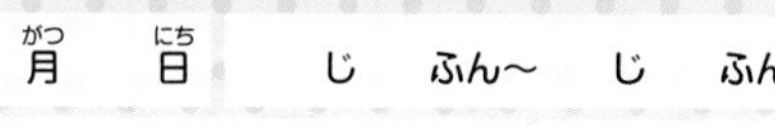

月 日　じ ふん〜 じ ふん

なまえ　　てん

1 たしざんを しましょう。

24てん(1つ3)

① 7＋5＝12
　3 2

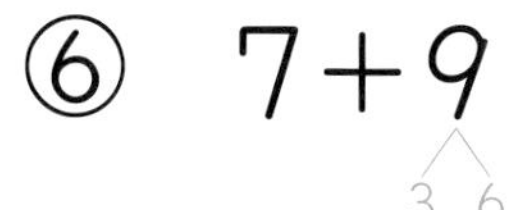

② 7＋4
　3 1

③ 7＋7
　3 4

④ 7＋6
　3 3

⑤ 7＋8
　3 5

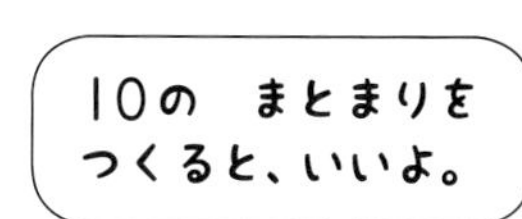

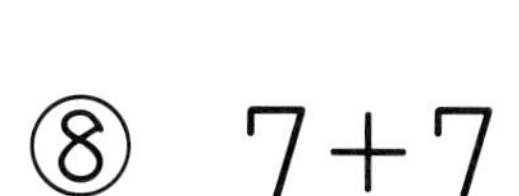

⑥ 7＋9
　3 6

⑦ 7＋5

⑧ 7＋7

2 たしざんを しましょう。

24てん(1つ3)

① 6＋6＝12
　4 2

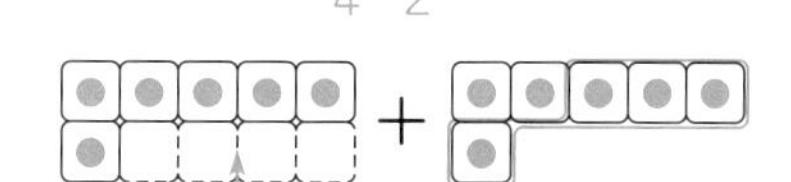

② 6＋5
　4 1

③ 6＋8
　4 4

④ 6＋7
　4 3

⑤ 6＋9
　4 5

⑥ 6＋6

⑦ 6＋7

⑧ 6＋5

❸ たしざんを　しましょう。

52てん(1つ2)

① $7+4$	② $6+8$
③ $6+9$	④ $7+8$
⑤ $7+6$	⑥ $7+9$
⑦ $6+6$	⑧ $7+5$
⑨ $6+7$	⑩ $7+7$
⑪ $6+5$	⑫ $6+9$
⑬ $7+8$	⑭ $6+6$
⑮ $7+5$	⑯ $7+4$
⑰ $6+8$	⑱ $7+6$
⑲ $7+7$	⑳ $7+9$
㉑ $6+7$	㉒ $6+5$
㉓ $7+6$	㉔ $7+8$
㉕ $6+9$	㉖ $6+8$

くりあがりの　ある　たしざんは、10の　まとまりを　つくりやすい
ほうの　かずで　つくろう。

10 5+●、4+●、3+●、2+●の くりあがりの ある たしざん

月　日　じ　ふん～　じ　ふん

なまえ　　てん

1 たしざんを　しましょう。

48てん(1つ3)

① 5+7 = 12

5　2

「7に　3を　たして 10」と
しても　いいね。

② 5+6

5　1

③ 5+9

5　4

④ 5+8

5　3

⑤ 4+8 = 12

6　2

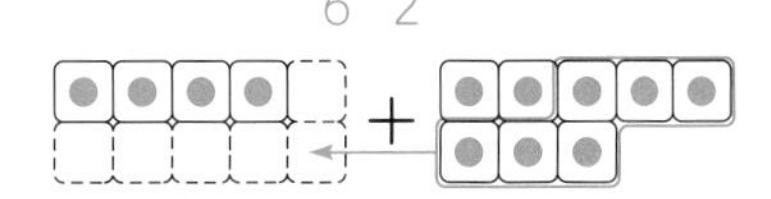

⑥ 4+7

6　1

⑦ 4+9

6　3

⑧ 3+8 = 11

7　1

⑨ 3+9

7　2

⑩ 2+9 = 11

8　1

⑪ 5+7

⑫ 5+9

⑬ 4+9

⑭ 3+8

⑮ 2+9

⑯ 5+6

2 たしざんを　しましょう。

52てん(1つ2)

① 5＋8　　② 4＋7

③ 4＋8　　④ 3＋9

⑤ 5＋6　　⑥ 5＋9

⑦ 3＋8　　⑧ 2＋9

⑨ 4＋9　　⑩ 5＋7

⑪ 4＋7　　⑫ 5＋8

⑬ 3＋9　　⑭ 5＋6

⑮ 5＋9　　⑯ 4＋8

⑰ 2＋9　　⑱ 4＋9

⑲ 5＋7　　⑳ 3＋8

㉑ 4＋8　　㉒ 5＋8

㉓ 3＋9　　㉔ 2＋9

㉕ 4＋7　　㉖ 5＋7

たしざんの　2つの　かずの　どちらでも　10の　まとまりを　つくる
ことが　できるように　して　おくと　いいね。

11 くりあがりの　ある たしざん ①

月　日　じ　ふん～　じ　ふん

なまえ　　　てん

1 たしざんを　しましょう。　48てん(1つ2)

① $6+7$　② $2+9$

③ $4+8$　④ $8+6$

⑤ $3+9$　⑥ $7+7$

⑦ $9+2$　⑧ $5+7$

⑨ $9+9$　⑩ $4+7$

⑪ $7+5$　⑫ $8+9$

⑬ $8+3$　⑭ $6+6$

⑮ $8+5$　⑯ $8+7$

⑰ $9+4$　⑱ $3+8$

⑲ $7+8$　⑳ $9+6$

㉑ $5+6$　㉒ $5+8$

㉓ $6+9$　㉔ $7+6$

❷ たしざんを　しましょう。

52てん(1つ2)

① 7＋4	② 5＋9
③ 6＋6	④ 9＋7
⑤ 8＋9	⑥ 7＋5
⑦ 4＋7	⑧ 9＋9
⑨ 2＋9	⑩ 6＋5
⑪ 8＋4	⑫ 9＋6
⑬ 7＋9	⑭ 9＋3
⑮ 8＋8	⑯ 8＋5
⑰ 6＋7	⑱ 7＋7
⑲ 9＋5	⑳ 5＋6
㉑ 6＋8	㉒ 9＋8
㉓ 4＋9	㉔ 8＋7
㉕ 3＋9	㉖ 7＋6

まずは、10の　まとまりを　つくる　ことを　かんがえよう。

12 くりあがりの　ある たしざん ②

月　日　　じ　ふん～　じ　ふん

なまえ　　　　てん

1 たしざんを　しましょう。　48てん(1つ2)

① $5+8$　　② $9+4$

③ $2+9$　　④ $7+5$

⑤ $8+3$　　⑥ $4+7$

⑦ $6+6$　　⑧ $8+9$

⑨ $6+8$　　⑩ $9+7$

⑪ $9+3$　　⑫ $8+6$

⑬ $3+8$　　⑭ $4+8$

⑮ $7+6$　　⑯ $4+9$

⑰ $8+4$　　⑱ $6+5$

⑲ $9+5$　　⑳ $9+8$

㉑ $5+7$　　㉒ $6+9$

㉓ $7+7$　　㉔ $8+8$

2 たしざんを　しましょう。　52てん(1つ2)

①	6+9	②	5+8
③	9+2	④	3+9
⑤	5+9	⑥	8+7
⑦	8+8	⑧	7+4
⑨	9+9	⑩	6+7
⑪	7+6	⑫	4+8
⑬	8+5	⑭	9+6
⑮	5+7	⑯	6+8
⑰	9+4	⑱	7+8
⑲	8+9	⑳	9+3
㉑	5+6	㉒	8+6
㉓	9+7	㉔	8+3
㉕	6+5	㉖	7+9

あわてて　けいさんして　まちがえて　しまうと　いみが　ないので、
おちついて　ただしく　けいさんするように　しよう。

13 くりあがりの　ある たしざん ③

月　日　じ　ふん〜　じ　ふん

なまえ　　てん

1 たしざんを　しましょう。　48てん(1つ2)

① 2＋9　② 8＋6

③ 9＋3　④ 7＋9

⑤ 8＋5　⑥ 7＋7

⑦ 4＋8　⑧ 8＋9

⑨ 5＋9　⑩ 6＋7

⑪ 9＋9　⑫ 8＋3

⑬ 4＋7　⑭ 9＋5

⑮ 6＋8　⑯ 7＋5

⑰ 6＋6　⑱ 3＋9

⑲ 8＋4　⑳ 7＋6

㉑ 5＋7　㉒ 8＋8

㉓ 9＋6　㉔ 4＋9

❷ たしざんを　しましょう。

52てん(1つ2)

① 9＋5	② 8＋4
③ 9＋8	④ 5＋7
⑤ 7＋4	⑥ 4＋9
⑦ 6＋7	⑧ 9＋2
⑨ 7＋8	⑩ 8＋3
⑪ 9＋4	⑫ 5＋8
⑬ 6＋9	⑭ 6＋5
⑮ 4＋8	⑯ 7＋9
⑰ 8＋6	⑱ 3＋8
⑲ 5＋9	⑳ 4＋7
㉑ 7＋6	㉒ 8＋7
㉓ 2＋9	㉔ 5＋6
㉕ 9＋7	㉖ 8＋9

9+5は、「9に　1を　たして　10、…」と　かんがえたら、つぎに「5に　5を　たして　10、…」と　かんがえると、こたえの　たしかめが　できるよ。

14 くりあがりの　ある たしざん ④

月　日　じ　ふん～　じ　ふん

なまえ　　てん

1 たしざんを　しましょう。　48てん(1つ2)

① 5+9　　② 4+7

③ 9+9　　④ 3+8

⑤ 7+8　　⑥ 6+7

⑦ 5+7　　⑧ 6+9

⑨ 2+9　　⑩ 8+5

⑪ 9+8　　⑫ 8+7

⑬ 8+4　　⑭ 6+6

⑮ 7+6　　⑯ 9+4

⑰ 8+3　　⑱ 9+7

⑲ 7+4　　⑳ 9+2

㉑ 8+8　　㉒ 4+8

㉓ 7+9　　㉔ 7+5

❷ たしざんを　しましょう。

52てん(1つ2)

① 3+8　② 7+9

③ 9+6　④ 8+8

⑤ 4+9　⑥ 7+6

⑦ 5+6　⑧ 8+9

⑨ 7+8　⑩ 7+4

⑪ 8+6　⑫ 5+7

⑬ 9+3　⑭ 8+4

⑮ 6+9　⑯ 7+7

⑰ 9+2　⑱ 9+4

⑲ 9+7　⑳ 6+8

㉑ 4+7　㉒ 8+7

㉓ 9+5　㉔ 6+5

㉕ 3+9　㉖ 5+8

なんかいも　れんしゅうすれば、くりあがりの　ある　たしざんを
はやく　ただしく　できるように　なるよ。

15 くりあがりの　ある たしざん ⑤

月　日　じ　ふん～　じ　ふん

なまえ

てん

❶ たしざんを　しましょう。　48てん(1つ2)

① 7＋8　② 6＋7

③ 5＋9　④ 3＋9

⑤ 8＋4　⑥ 9＋8

⑦ 7＋5　⑧ 2＋9

⑨ 8＋7　⑩ 4＋8

⑪ 9＋3　⑫ 7＋7

⑬ 4＋7　⑭ 6＋5

⑮ 8＋9　⑯ 3＋8

⑰ 5＋6　⑱ 8＋6

⑲ 6＋9　⑳ 7＋4

㉑ 5＋7　㉒ 8＋8

㉓ 9＋7　㉔ 9＋4

❷ たしざんを　しましょう。

52てん(1つ2)

① $5+6$　　② $3+8$

③ $8+5$　　④ $7+9$

⑤ $9+3$　　⑥ $4+7$

⑦ $9+6$　　⑧ $6+8$

⑨ $5+7$　　⑩ $7+7$

⑪ $4+9$　　⑫ $8+3$

⑬ $9+9$　　⑭ $6+5$

⑮ $8+7$　　⑯ $9+2$

⑰ $5+8$　　⑱ $7+5$

⑲ $9+5$　　⑳ $6+6$

㉑ $8+6$　　㉒ $7+8$

㉓ $9+7$　　㉔ $8+4$

㉕ $7+6$　　㉖ $6+9$

くりあがりの　ある　たしざんが　できないと、この　さきの　さんすうが　わからなく　なるから、ここで　きちんと　できるように　して　おこう。

16 くりあがりの　ある　たしざん ⑥

月(がつ)　日(にち)　じ　ふん〜　じ　ふん

なまえ

てん

1 たしざんを　しましょう。　48てん(1つ2)

① 8+9　② 3+8

③ 7+5　④ 5+9

⑤ 9+9　⑥ 4+7

⑦ 9+6　⑧ 2+9

⑨ 5+8　⑩ 9+7

⑪ 8+3　⑫ 7+7

⑬ 6+9　⑭ 4+8

⑮ 8+8　⑯ 6+7

⑰ 9+5　⑱ 5+7

⑲ 8+7　⑳ 8+5

㉑ 7+6　㉒ 9+4

㉓ 3+9　㉔ 6+8

❷ たしざんを　しましょう。

52てん(1つ2)

① 9＋4	② 8＋5
③ 7＋9	④ 6＋6
⑤ 4＋7	⑥ 9＋2
⑦ 7＋6	⑧ 6＋5
⑨ 9＋9	⑩ 8＋3
⑪ 7＋8	⑫ 5＋8
⑬ 3＋9	⑭ 5＋6
⑮ 7＋5	⑯ 8＋6
⑰ 8＋4	⑱ 4＋9
⑲ 8＋7	⑳ 8＋9
㉑ 9＋5	㉒ 7＋4
㉓ 9＋8	㉔ 6＋7
㉕ 6＋8	㉖ 9＋3

くりあがりの　ある　たしざんを　はやく　ただしく　けいさんできるように　なったかな。これからも　れんしゅうして　しっかり　みに　つけよう。

17 まとめの テスト

月 日　もくひょうじかん 15 ふん

なまえ　　　　　　　　てん

1 たしざんを しましょう。

48てん(1つ2)

① 9+2	② 8+6
③ 7+8	④ 3+8
⑤ 6+7	⑥ 8+9
⑦ 9+6	⑧ 7+6
⑨ 5+8	⑩ 2+9
⑪ 7+7	⑫ 9+4
⑬ 3+9	⑭ 5+7
⑮ 6+9	⑯ 4+8
⑰ 7+5	⑱ 8+3
⑲ 6+6	⑳ 4+7
㉑ 9+9	㉒ 8+5
㉓ 5+6	㉔ 8+7

2 たしざんを　しましょう。

52てん(1つ2)

① 8＋4

② 5＋6

③ 9＋3

④ 7＋6

⑤ 6＋8

⑥ 4＋9

⑦ 7＋5

⑧ 9＋9

⑨ 8＋8

⑩ 6＋5

⑪ 7＋4

⑫ 5＋9

⑬ 8＋7

⑭ 9＋6

⑮ 7＋9

⑯ 4＋7

⑰ 9＋8

⑱ 9＋7

⑲ 3＋9

⑳ 8＋5

㉑ 9＋5

㉒ 2＋9

㉓ 6＋7

㉔ 6＋6

㉕ 7＋7

㉖ 8＋9

18 ●－9の くりさがりの ある ひきざん

月 日 じ ふん～ じ ふん

なまえ てん

1 □に はいる かずを かきましょう。 18てん(1つ2)

① 12－9の けいさん

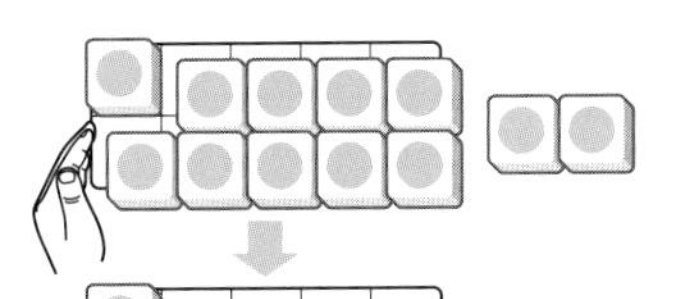

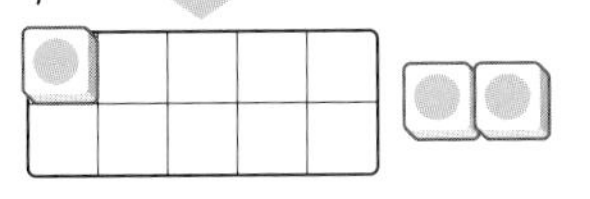

12を  と 2に わける。

□ から 9を ひいて 1

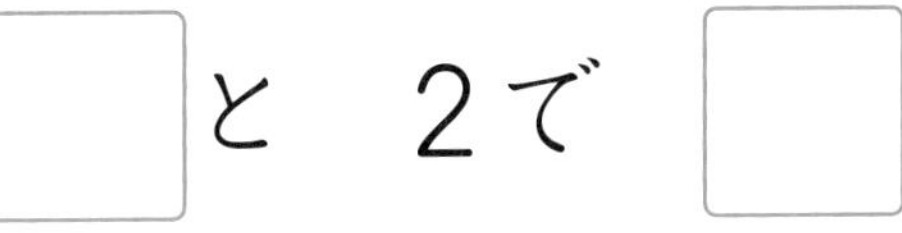

□ と 2で □

② 13－9の けいさん

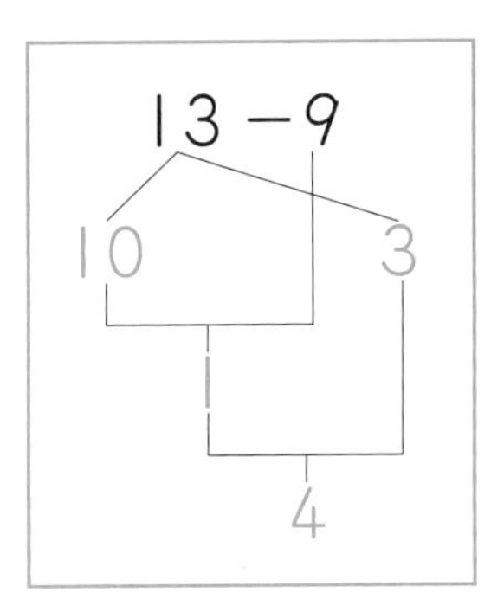

13を  と 3に わける。

□ から 9を ひいて 

□ と 3で □

2 ひきざんを しましょう。 24てん(1つ4)

① 14－9　　② 16－9

③ 15－9　　④ 17－9

⑤ 18－9　　⑥ 13－9

3 ひきざんを　しましょう。

32てん(1つ4)

① 15−9　② 12−9

③ 17−9　④ 13−9

⑤ 16−9　⑥ 14−9

⑦ 18−9　⑧ 11−9

4 □に　はいる　かずを　かきましょう。

10てん(1つ2)

12−9を　べつの　しかたで　します。

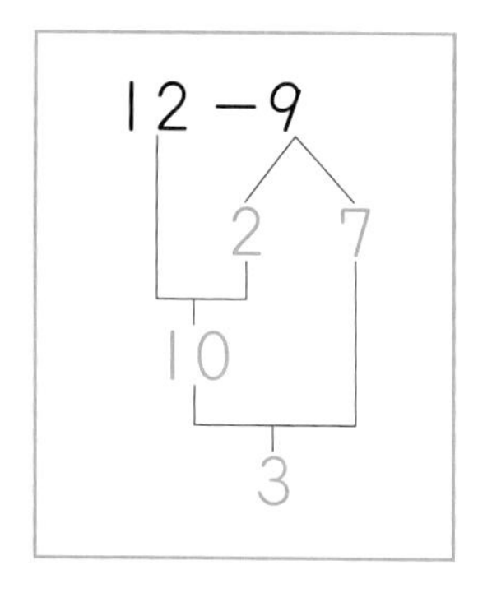

9を 2 と □ に　わける。

12から　2を　ひいて 

□ から　7を　ひいて 

5 ひきざんを　しましょう。

16てん(1つ4)

① 11−9　② 13−9

③ 14−9　④ 15−9

9を　ひく　ときは、ひかれるかずの　じゅういくつを　10と　いくつに　わけて　かんがえるよ。④では、べつの　しかたを　して　いるよ。

19 ●−8、●−7の　くりさがりの　ある　ひきざん

月　日　じ　ふん〜　じ　ふん

なまえ　　　　てん

1 □に　はいる　かずを　かきましょう。　28てん(1つ2)

① 11−8の　けいさん

11を　[10]と　1に　わける。

□から　8を　ひいて　□

□と　1で　□

② 11−7の　けいさん

11−7
10　1
3
4

11を　□と　1に　わける。

□から　7を　ひいて　□

□と　1で　□

③ 11−7の　べつの　けいさんの　しかた

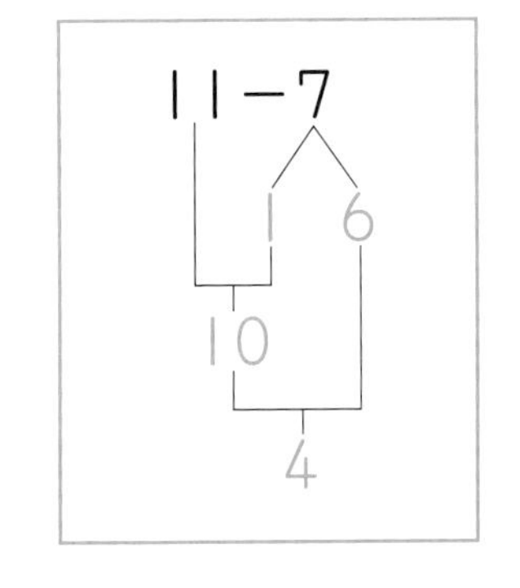

7を　1と　□に　わける。

11から　1を　ひいて　□

□から　6を　ひいて　□

② ひきざんを　しましょう。

72てん(1つ3)

①	11－8	②	12－8
③	13－8	④	14－8
⑤	15－8	⑥	16－8
⑦	17－8	⑧	11－7
⑨	12－7	⑩	13－7
⑪	14－7	⑫	15－7
⑬	16－7	⑭	17－8
⑮	14－8	⑯	15－7
⑰	11－7	⑱	16－8
⑲	14－7	⑳	12－8
㉑	13－8	㉒	16－7
㉓	12－7	㉔	15－8

15－8
10　5

8や　7が　ひけない　ときは、ひかれるかずの　じゅういくつを　10と　いくつに　わけて　かんがえるよ。①の　③は　べつの　しかたを　してるよ。

20 ●−6、●−5の　くりさがりの　ある　ひきざん

月　日　じ　ふん〜　じ　ふん

なまえ　　　　てん

1 □に　はいる　かずを　かきましょう。　28てん(1つ2)

① 13−6の　けいさん

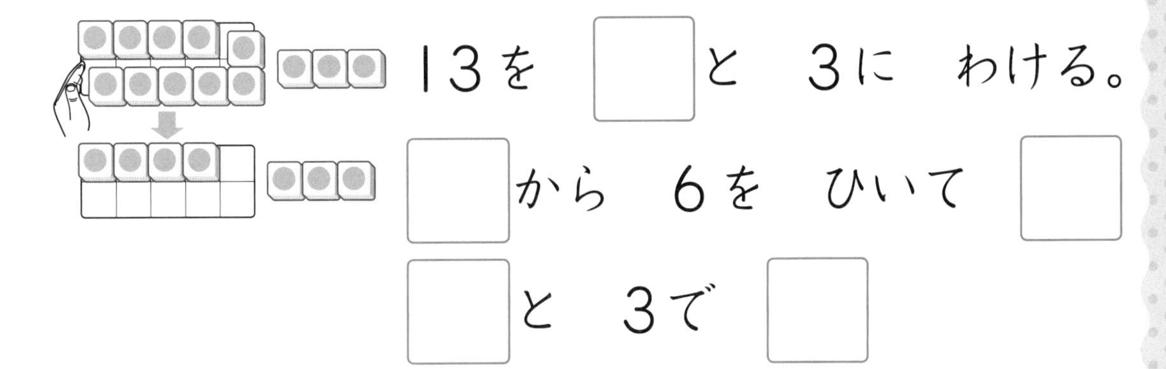

13を □ と　3に　わける。

□ から　6を　ひいて □

□ と　3で □

② 13−5の　けいさん

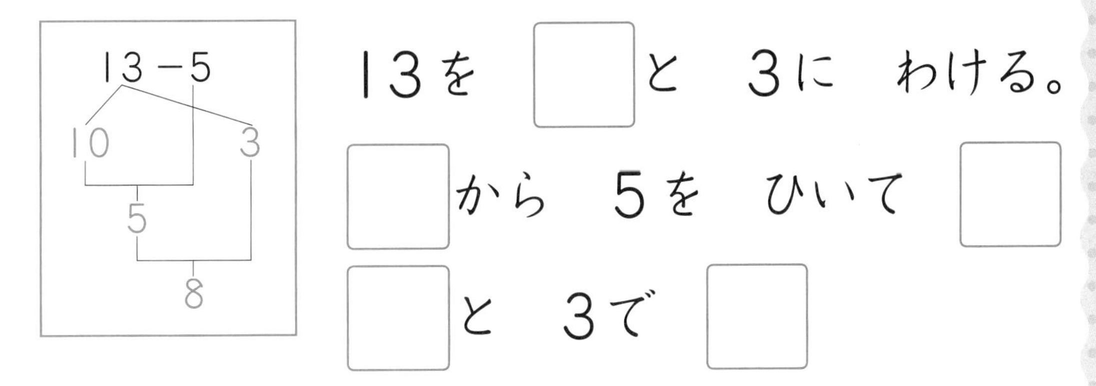

13を □ と　3に　わける。

□ から　5を　ひいて □

□ と　3で □

③ 13−5の　べつの　けいさんの　しかた

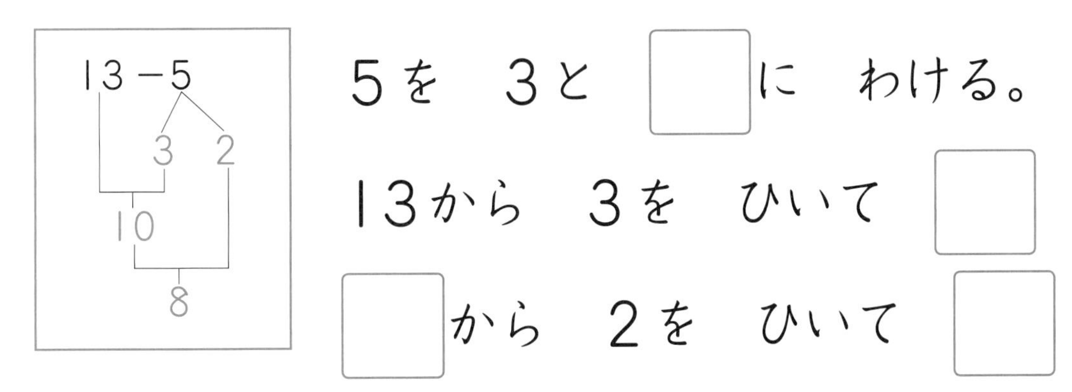

5を　3と □ に　わける。

13から　3を　ひいて □

□ から　2を　ひいて □

❷ ひきざんを　しましょう。

72てん(1つ3)

① 11－6　　② 12－6

③ 13－6　　④ 14－6

⑤ 15－6　　⑥ 11－5

⑦ 12－5　　⑧ 13－5

⑨ 14－5　　⑩ 15－6

⑪ 13－6　　⑫ 11－6

⑬ 14－6　　⑭ 12－6

⑮ 14－5　　⑯ 13－5

⑰ 12－5　　⑱ 11－5

⑲ 15－6　　⑳ 14－5

㉑ 11－6　　㉒ 12－5

㉓ 13－5　　㉔ 12－6

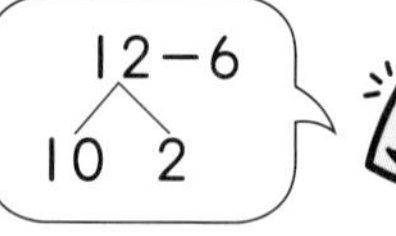

6や　5が　ひけない　ときは、ひかれるかずの　じゅういくつを
10と　いくつに　わけて　かんがえるよ。

21 ●−4、●−3、●−2の くりさがりの ある ひきざん

がつ　月　にち　日　じ　ふん〜　じ　ふん

なまえ　　　　　　てん

1 □に　はいる　かずを　かきましょう。　28てん(1つ2)

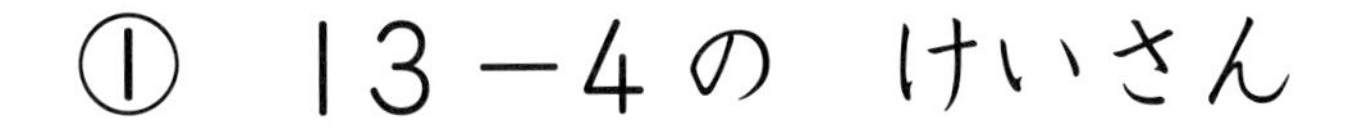

① 13－4の　けいさん

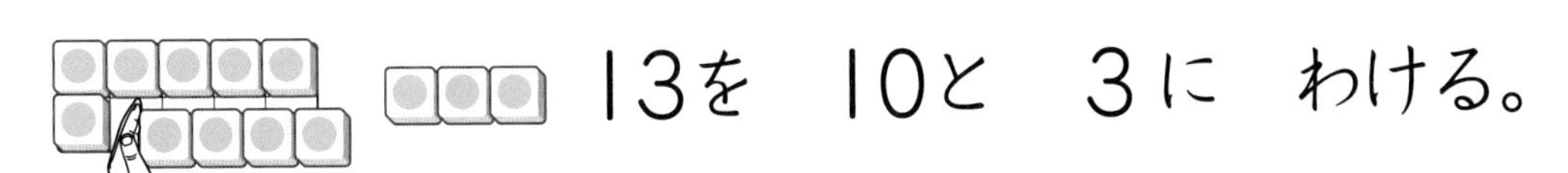

13を　10と　3に　わける。

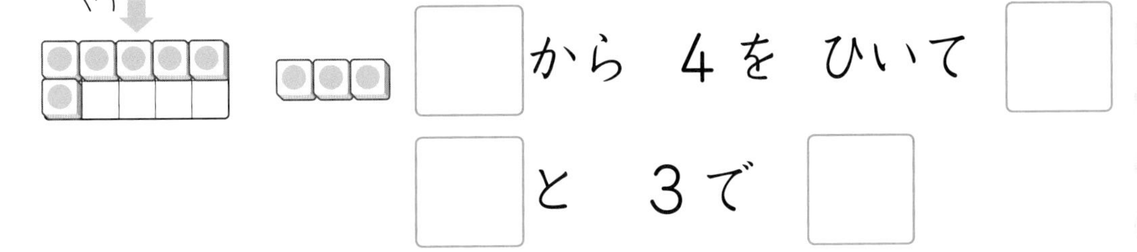

□から　4を　ひいて　□

□と　3で　□

② 12－3の　けいさん

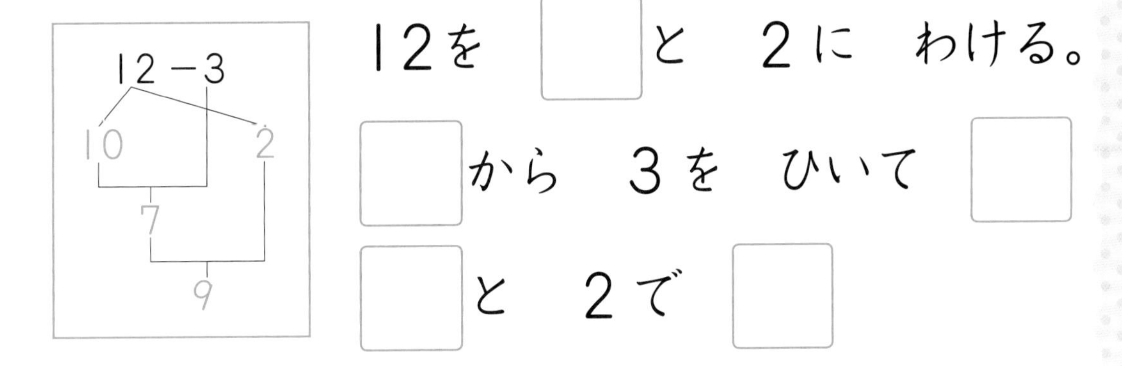

12を　□と　2に　わける。

□から　3を　ひいて　□

□と　2で　□

③ 11－2の　けいさん

11を　□と　1に　わける。

□から　2を　ひいて　□

□と　1で　□

2 ひきざんを　しましょう。

64てん(1つ4)

① 11−4　　② 12−4

③ 13−4　　④ 11−3

⑤ 12−3　　⑥ 11−2

⑦ 13−4　　⑧ 12−4

⑨ 11−3　　⑩ 11−4

⑪ 11−2　　⑫ 12−3

⑬ 12−4　　⑭ 13−4

⑮ 11−3　　⑯ 12−3

3 □に　はいる　かずを　かきましょう。

8てん(1つ2)

13−4の　べつの　しかた

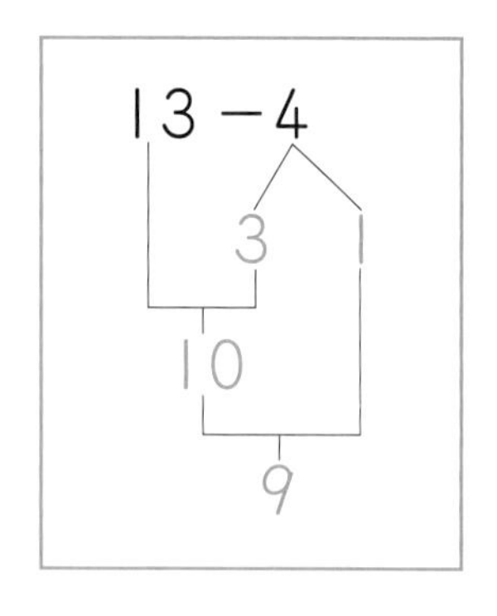

4を　3と　□に　わける。

13から　3を　ひいて　□

□から　1を　ひいて　□

ひかれるかずの　じゅういくつを　10と　いくつに　わけて
かんがえよう。　③では　べつの　しかたを　して　いるよ。

22 くりさがりの　ある　ひきざん ①

がつ 月	にち 日	じ　ふん〜　じ　ふん
なまえ		てん

1 ひきざんを　しましょう。 48てん(1つ2)

① 18−9　　② 17−9

③ 17−8　　④ 16−9

⑤ 16−8　　⑥ 16−7

⑦ 15−9　　⑧ 15−8

⑨ 15−7　　⑩ 15−6

⑪ 14−9　　⑫ 14−8

⑬ 14−7　　⑭ 14−6

⑮ 14−5　　⑯ 13−9

⑰ 13−8　　⑱ 13−7

⑲ 13−6　　⑳ 13−5

㉑ 13−4　　㉒ 16−8

㉓ 15−9　　㉔ 14−7

2 ひきざんを　しましょう。　52てん(1つ2)

① 12−9　② 12−8

③ 12−7　④ 12−6

⑤ 12−5　⑥ 12−4

⑦ 12−3　⑧ 11−9

⑨ 11−8　⑩ 11−7

⑪ 11−6　⑫ 11−5

⑬ 11−4　⑭ 11−3

⑮ 11−2　⑯ 13−7

⑰ 15−8　⑱ 18−9

⑲ 12−7　⑳ 11−4

㉑ 14−5　㉒ 17−9

㉓ 13−6　㉔ 12−3

㉕ 15−7　㉖ 14−9

ひかれるかずの　じゅういくつを　10と　いくつに　わけて
かんがえよう。

23 くりさがりの　ある ひきざん ②

月　日　じ　ふん～　じ　ふん

なまえ　　てん

1 ひきざんを　しましょう。　48てん(1つ2)

① $18-9$　② $17-9$

③ $16-9$　④ $15-9$

⑤ $14-9$　⑥ $13-9$

⑦ $12-9$　⑧ $11-9$

⑨ $11-8$　⑩ $12-8$

⑪ $13-8$　⑫ $14-8$

⑬ $15-8$　⑭ $16-8$

⑮ $17-8$　⑯ $16-7$

⑰ $15-7$　⑱ $14-7$

⑲ $13-7$　⑳ $12-7$

㉑ $11-7$　㉒ $14-8$

㉓ $15-7$　㉔ $16-9$

2 ひきざんを　しましょう。 52てん(1つ2)

① 11−6　② 12−6

③ 13−6　④ 14−6

⑤ 15−6　⑥ 11−5

⑦ 12−5　⑧ 13−5

⑨ 14−5　⑩ 11−4

⑪ 12−4　⑫ 13−4

⑬ 11−3　⑭ 12−3

⑮ 11−2　⑯ 17−9

⑰ 16−7　⑱ 12−6

⑲ 13−4　⑳ 13−5

㉑ 11−6　㉒ 15−8

㉓ 14−9　㉔ 12−3

㉕ 11−3　㉖ 14−7

ひかれるかずの　じゅういくつを　10と　いくつに　わけて
かんがえよう。

24 くりさがりの　ある ひきざん ③

月　日　じ　ふん～　じ　ふん

なまえ　　　てん

1 ひきざんを　しましょう。　52てん(1つ2)

① 11−2　　② 11−3

③ 11−4　　④ 11−5

⑤ 11−6　　⑥ 11−7

⑦ 11−8　　⑧ 11−9

⑨ 12−3　　⑩ 12−4

⑪ 12−5　　⑫ 12−6

⑬ 12−7　　⑭ 12−8

⑮ 12−9　　⑯ 13−4

⑰ 13−5　　⑱ 13−6

⑲ 13−7　　⑳ 13−8

㉑ 13−9　　㉒ 14−5

㉓ 14−6　　㉔ 14−7

㉕ 14−8　　㉖ 14−9

❷ ひきざんを　しましょう。

48てん(1つ2)

① 15−6	② 15−7
③ 15−8	④ 15−9
⑤ 16−7	⑥ 16−8
⑦ 16−9	⑧ 17−8
⑨ 17−9	⑩ 18−9
⑪ 11−5	⑫ 11−8
⑬ 18−9	⑭ 17−8
⑮ 12−6	⑯ 12−5
⑰ 13−4	⑱ 13−7
⑲ 16−8	⑳ 16−9
㉑ 14−5	㉒ 14−8
㉓ 15−7	㉔ 15−6

ひかれるかずの　じゅういくつを　10と　いくつに　わけて
かんがえよう。

25 くりさがりの　ある　ひきざん ④

月　日　じ　ふん～　じ　ふん

なまえ

てん

1 ひきざんを　しましょう。　48てん(1つ2)

① 11－2　② 11－4

③ 11－6　④ 11－8

⑤ 12－3　⑥ 12－5

⑦ 12－7　⑧ 12－9

⑨ 13－4　⑩ 13－6

⑪ 13－8　⑫ 14－5

⑬ 14－7　⑭ 14－9

⑮ 15－6　⑯ 15－8

⑰ 16－7　⑱ 16－9

⑲ 17－8　⑳ 18－9

㉑ 11－7　㉒ 15－9

㉓ 13－8　㉔ 11－3

2 ひきざんを　しましょう。　52てん(1つ2)

①	12－4	②	12－6
③	12－8	④	13－5
⑤	13－7	⑥	13－9
⑦	14－6	⑧	14－8
⑨	15－7	⑩	15－9
⑪	16－8	⑫	17－9
⑬	11－6	⑭	12－5
⑮	13－5	⑯	14－9
⑰	11－8	⑱	11－5
⑲	13－4	⑳	16－9
㉑	15－7	㉒	11－4
㉓	12－4	㉔	11－9
㉕	14－5	㉖	15－8

ひかれるかずの　じゅういくつを　10と　いくつに　わけて
かんがえよう。

月　日　じ　ふん〜　じ　ふん

なまえ　　てん

1 ひきざんを　しましょう。　48てん(1つ2)

① 11－3	② 12－9
③ 12－4	④ 13－7
⑤ 14－5	⑥ 11－5
⑦ 12－7	⑧ 12－3
⑨ 13－8	⑩ 14－7
⑪ 11－2	⑫ 11－8
⑬ 13－6	⑭ 12－8
⑮ 14－6	⑯ 11－4
⑰ 11－7	⑱ 13－5
⑲ 12－6	⑳ 13－9
㉑ 13－4	㉒ 11－9
㉓ 11－6	㉔ 12－5

❷ ひきざんを　しましょう。

52てん(1つ2)

① 17－9	② 14－5
③ 13－4	④ 12－6
⑤ 11－8	⑥ 16－7
⑦ 14－7	⑧ 12－8
⑨ 13－9	⑩ 13－5
⑪ 15－8	⑫ 12－7
⑬ 16－9	⑭ 14－8
⑮ 15－7	⑯ 14－6
⑰ 17－8	⑱ 12－9
⑲ 15－6	⑳ 13－7
㉑ 15－9	㉒ 16－8
㉓ 13－8	㉔ 11－5
㉕ 14－9	㉖ 18－9

けいさんれんしゅうボード(ぼうど)を　つかって　くりかえし
れんしゅうを　しよう。

27 くりさがりの　ある ひきざん ⑥

月　日　じ　ふん～　じ　ふん

なまえ　　てん

1 ひきざんを　しましょう。

48てん(1つ2)

① 12－3　　② 14－6

③ 11－3　　④ 17－8

⑤ 12－6　　⑥ 13－7

⑦ 15－7　　⑧ 15－6

⑨ 15－8　　⑩ 14－7

⑪ 11－2　　⑫ 16－8

⑬ 13－5　　⑭ 11－4

⑮ 12－5　　⑯ 11－5

⑰ 16－7　　⑱ 18－9

⑲ 12－4　　⑳ 13－6

㉑ 16－9　　㉒ 13－4

㉓ 14－5　　㉔ 17－9

❷ ひきざんを　しましょう。

52てん(1つ2)

① 17－8　② 14－9

③ 14－8　④ 12－9

⑤ 11－9　⑥ 15－7

⑦ 11－5　⑧ 12－8

⑨ 14－6　⑩ 12－5

⑪ 11－6　⑫ 12－7

⑬ 16－7　⑭ 11－7

⑮ 15－9　⑯ 15－8

⑰ 11－4　⑱ 13－7

⑲ 15－6　⑳ 16－8

㉑ 13－6　㉒ 14－7

㉓ 13－9　㉔ 18－9

㉕ 11－8　㉖ 13－8

けいさんれんしゅうボード(ぼうど)を　つかって　くりかえし
れんしゅうを　しよう。

28 まとめの テスト

月　日　もくひょうじかん 10 ぷん

なまえ　　　　てん

1 □に　はいる　かずを　かきましょう。　18てん(1つ3)

15−8の　けいさんを　します。

15を □ と　5に　わける。

□から　8を　ひいて □

□と　5で □

　この　けいさんは、8を　5と　3に

わけて、15−5＝10、10− □ ＝7

と　しても　できます。

2 ひきざんを　しましょう。　30てん(1つ3)

① 11−9　② 12−8

③ 12−7　④ 14−9

⑤ 13−9　⑥ 11−8

⑦ 11−7　⑧ 11−6

⑨ 13−8　⑩ 12−9

3 ひきざんを　しましょう。　52てん(1つ2)

① 11−5　② 12−4

③ 15−7　④ 11−2

⑤ 15−9　⑥ 13−6

⑦ 14−7　⑧ 16−7

⑨ 12−3　⑩ 17−9

⑪ 11−3　⑫ 12−6

⑬ 17−8　⑭ 13−4

⑮ 14−5　⑯ 15−8

⑰ 13−7　⑱ 14−6

⑲ 16−9　⑳ 18−9

㉑ 12−5　㉒ 14−8

㉓ 15−6　㉔ 16−8

㉕ 13−5　㉖ 11−4

29 100までの　かず

がつ にち
月　日　じ　ふん〜　じ　ふん

なまえ　　　てん

1 かずを　すうじで　かきましょう。　16てん(1つ4)

①

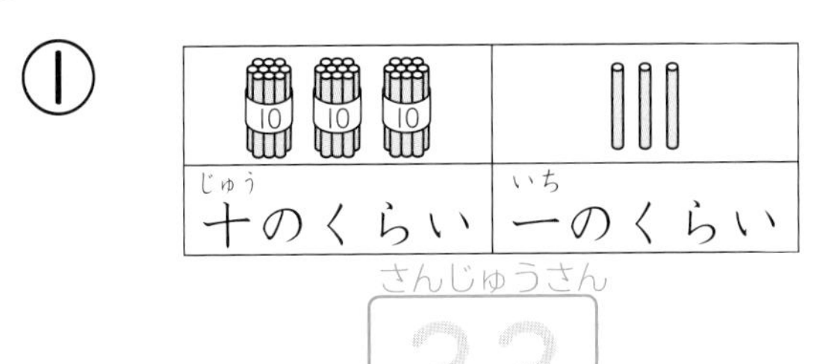

さんじゅうさん
33

②

ごじゅう
50

③

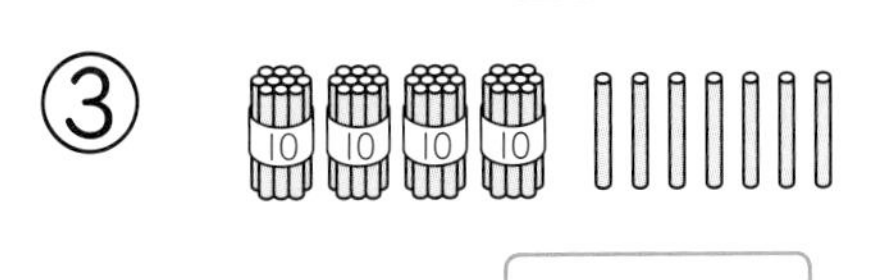

□

④

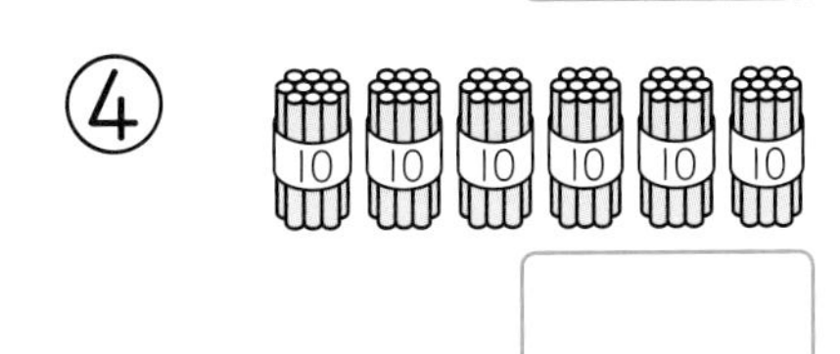

□

2 □に　はいる　かずを　かきましょう。　24てん(1つ4)

① 十のくらいが　8、一のくらいが　9の

かずは　□

② 10が　6つと　1が　3つで　63

③ 10が　9つで　□

④ 75は　10が　7　つと　1が　5　つ

⑤ 100は　10が　10　こ

3 かずが　じゅんに　かいて　あります。①から　③に　はいる　かずを　かきましょう。

12てん(1つ4)

1	2	3	4	5	6	7	8	9	10
11	12	13	14	15	16	17	18	19	20
21	22	23	24	25	26	27	28	29	30
31	32	33	34	35	36	37	38	39	40
41	42	43	44	45	46	47	①	49	50
51	52	53	54	55	56	57	58	59	②
61	62	63	64	65	66	67	68	69	70
71	72	73	74	75	76	77	78	79	80
81	82	83	84	85	86	87	88	89	90
91	92	93	94	95	③	97	98	99	100

① 48　② □

③ □

4 かずの　大(おお)きい　ほうに　○を　つけましょう。

12てん(1つ4)

① 57　82

(　)(　)

② 36　76

(　)(　)

③ 61　68

(　)(　)

5 □に　はいる　かずを　かきましょう。

36てん(1つ4)

① □－96－97－□－99－□

② 53－52－□－50－□－□

③ □－□－60－70－80－□

⑤は、□の　なかに　かかれて　いる　かずの　ならびかたを　よく　みよう。

100までの　かずの　たしざん①

1 たしざんを　しましょう。　48てん(1つ2)

① 30＋4＝34 30と　4を　あわせて　34	② 50＋2
③ 20＋7	④ 80＋3
⑤ 90＋5	⑥ 30＋6
⑦ 60＋8	⑧ 20＋9
⑨ 40＋3	⑩ 70＋1
⑪ 50＋6	⑫ 90＋3
⑬ 60＋4	⑭ 40＋7
⑮ 80＋5	⑯ 20＋2
⑰ 70＋9	⑱ 50＋8
⑲ 40＋4	⑳ 90＋1
㉑ 30＋7	㉒ 60＋5
㉓ 80＋6	㉔ 70＋2

2 たしざんを　しましょう。　52てん(1つ2)

①	30＋1	②	50＋9
③	70＋7	④	90＋8
⑤	20＋5	⑥	40＋2
⑦	80＋7	⑧	60＋3
⑨	50＋4	⑩	70＋5
⑪	20＋6	⑫	40＋9
⑬	60＋7	⑭	30＋8
⑮	80＋1	⑯	90＋9
⑰	20＋3	⑱	50＋1
⑲	90＋2	⑳	70＋4
㉑	40＋6	㉒	30＋5
㉓	60＋6	㉔	80＋8
㉕	90＋5	㉖	70＋3

30＋1は「30と　1を　あわせて　31」のように　けいさんしよう。

31 100までの かずの ひきざん ①

がつ 月 にち 日 じ ふん～ じ ふん

なまえ

てん

1 ひきざんを しましょう。 48てん(1つ2)

① 31－1＝30

31は 30と 1を あわせた かず

② 26－6

③ 79－9

④ 58－8

⑤ 25－5

⑥ 42－2

⑦ 83－3

⑧ 97－7

⑨ 56－6

⑩ 64－4

⑪ 24－4

⑫ 57－7

⑬ 73－3

⑭ 42－2

⑮ 84－4

⑯ 36－6

⑰ 41－1

⑱ 67－7

⑲ 95－5

⑳ 78－8

㉑ 62－2

㉒ 99－9

㉓ 53－3

㉔ 88－8

2 ひきざんを　しましょう。　52てん(1つ2)

① 27－7　　② 67－7

③ 48－8　　④ 93－3

⑤ 71－1　　⑥ 34－4

⑦ 92－2　　⑧ 56－6

⑨ 85－5　　⑩ 69－9

⑪ 37－7　　⑫ 74－4

⑬ 25－5　　⑭ 53－3

⑮ 91－1　　⑯ 46－6

⑰ 68－8　　⑱ 82－2

⑲ 79－9　　⑳ 96－6

㉑ 54－4　　㉒ 29－9

㉓ 87－7　　㉔ 35－5

㉕ 43－3　　㉖ 58－8

10円玉(えんだま)や　1円玉を　おもいうかべて　けいさんしても　いいよ。

32 100を　こえる　かず

月　日　　じ　ふん～　じ　ふん

なまえ　　　　　　　　てん

1 かずを　すうじで　かきましょう。　20てん(1つ5)

2 かずを　よみましょう。　20てん(1つ5)

① 114

② 120

③ 105

ひゃく　ご

④ 108

108は　100より
8　大きい　かずだよ。

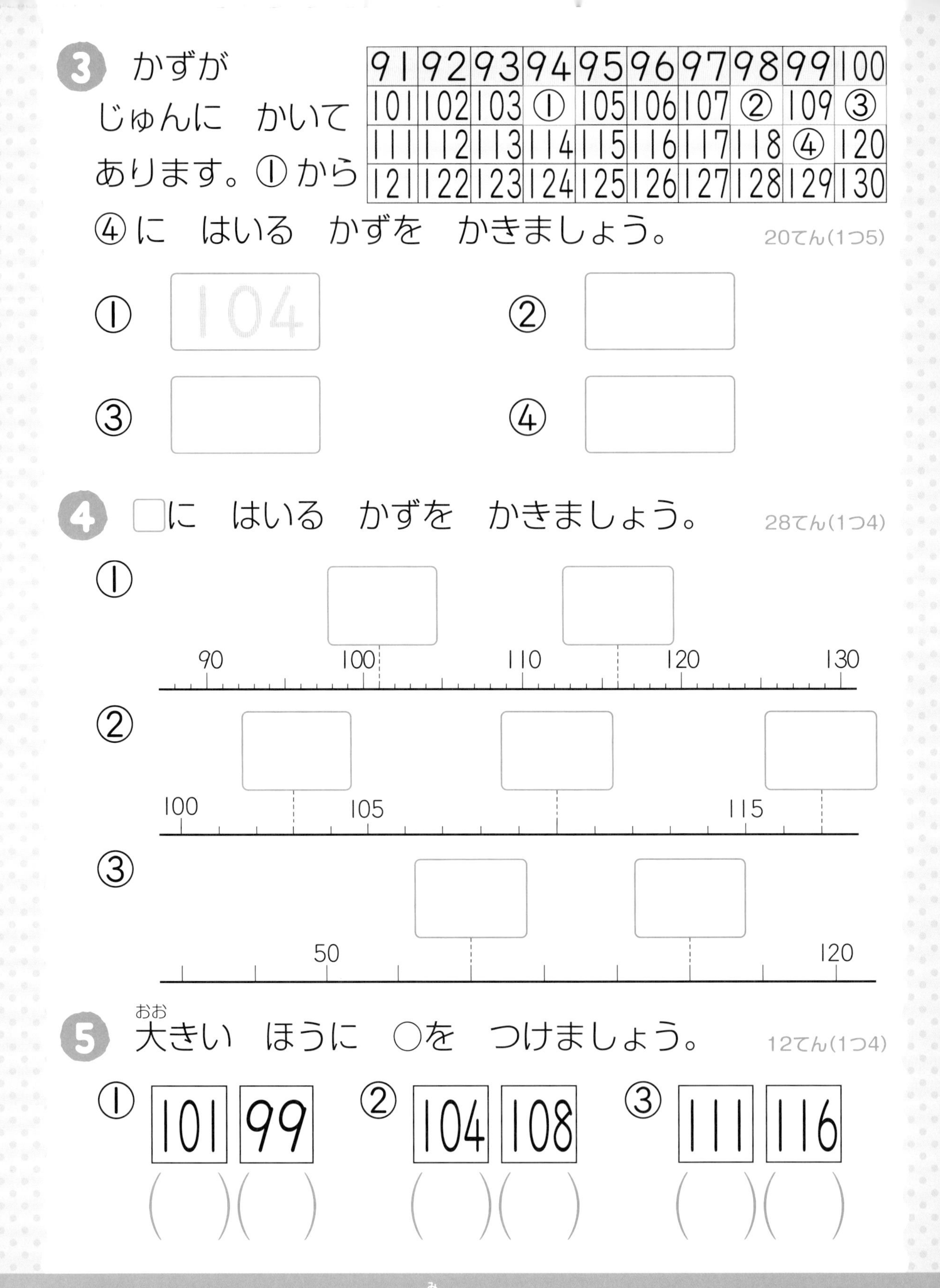

3 かずが　じゅんに　かいて　あります。①から　④に　はいる　かずを　かきましょう。　20てん(1つ5)

91	92	93	94	95	96	97	98	99	100
101	102	103	①	105	106	107	②	109	③
111	112	113	114	115	116	117	118	④	120
121	122	123	124	125	126	127	128	129	130

① 104　② □

③ □　④ □

4 □に　はいる　かずを　かきましょう。　28てん(1つ4)

① □ □

90　100　110　120　130

② □ □ □

100　105　115

③ □ □

50　120

5 大(おお)きい　ほうに　○を　つけましょう。　12てん(1つ4)

① 101 ( )　99 ( )　② 104 ( )　108 ( )　③ 111 ( )　116 ( )

③の　ひょうを　よく　見(み)て、100より　大きい　かずが　どのように　ならんで　いるか　わかるように　しよう。

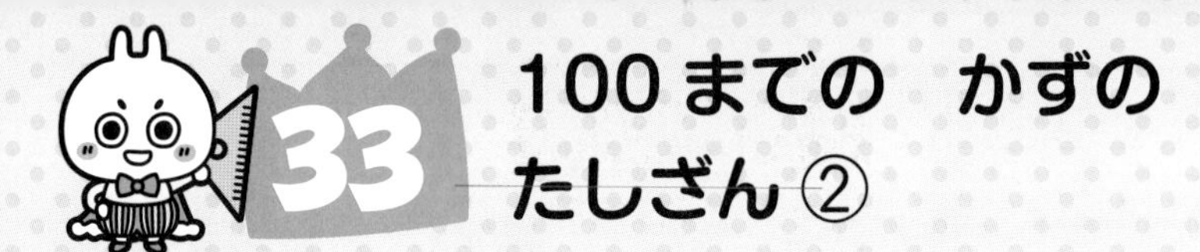

100までの　かずの　たしざん②

がつ 月　にち 日　　じ　ふん〜　じ　ふん

なまえ

てん

1 たしざんを　しましょう。

34てん(1つ2)

① 20＋40＝60

⑩⑩　⑩⑩⑩⑩　⑩が　2＋4で…

② 30＋10

⑩⑩⑩　⑩

③ 40＋10

④ 50＋30

⑤ 60＋20

⑥ 40＋40

⑦ 20＋50

⑧ 10＋90＝100

⑨ 40＋30

⑩ 10＋50

⑩⑩⑩⑩　⑩⑩⑩

⑩　⑩⑩⑩⑩⑩

⑪ 20＋20

⑫ 60＋10

⑬ 20＋70

⑭ 50＋40

⑮ 30＋50

⑯ 10＋70

⑰ 80＋20

10の　まとまりで
かんがえよう。

❷ たしざんを　しましょう。

66てん(1つ3)

① 50＋20	② 30＋30
③ 30＋60	④ 10＋20
⑤ 10＋30	⑥ 70＋10
⑦ 20＋60	⑧ 30＋40
⑨ 30＋20	⑩ 80＋10
⑪ 10＋60	⑫ 40＋60
⑬ 60＋30	⑭ 70＋20
⑮ 90＋10	⑯ 20＋30
⑰ 10＋80	⑱ 50＋10
⑲ 40＋50	⑳ 70＋30
㉑ 20＋10	㉒ 10＋40

あわせて　10が　いくつに
なるかを　けいさんしよう。

10の　まとまりが　いくつに　なるかを　かんがえよう。
10が　10こでは　100に　なるよ。

34 100までの かずの ひきざん ②

月 日 じ ふん〜 じ ふん

なまえ てん

1 ひきざんを しましょう。

40てん(1つ2)

① 50－20＝30

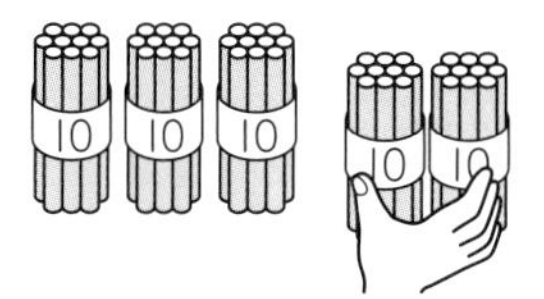

② 40－10

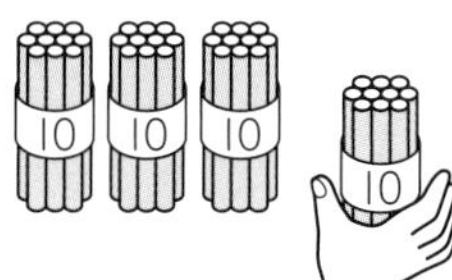

③ 70－10

④ 30－20

⑤ 60－50

⑥ 60－20

⑦ 90－30

⑧ 80－50

⑨ 80－30

⑩ 50－10

⑪ 50－30

⑫ 70－40

⑬ 60－10

⑭ 90－80

⑮ 70－30

⑯ 20－10

⑰ 90－60

⑱ 80－40

⑲ 60－40

⑳ 100－70

10の まとまりで かんがえると いいよ。

2 ひきざんを　しましょう。

60てん(1つ3)

① 30－10　② 50－40

③ 90－20　④ 80－60

⑤ 40－30　⑥ 70－20

⑦ 90－40　⑧ 80－10

⑨ 70－50　⑩ 60－40

⑪ 40－20　⑫ 90－70

⑬ 70－60　⑭ 60－30

⑮ 80－70　⑯ 90－10

⑰ 100－10　⑱ 80－20

⑲ 90－50　⑳ 100－90

10円玉(えんだま)を　おもいうかべて　けいさんしても　いいよ。

35 100までの　かずの　たしざん ③

月　日　じ　ふん〜　じ　ふん

なまえ

てん

1 たしざんを　しましょう。　40てん(1つ2)

① 36＋3＝39

30　6

たして　9

たして　39

② 62＋6

60　2

③ 91＋4

④ 28＋1

⑤ 32＋2

⑥ 73＋6

⑦ 41＋7

⑧ 45＋2

⑨ 84＋3

⑩ 55＋4

⑪ 41＋5

⑫ 27＋1

⑬ 35＋3

⑭ 16＋3

⑮ 23＋6

⑯ 78＋1

⑰ 52＋1

⑱ 44＋4

⑲ 31＋4

⑳ 63＋2

どの　くらいに
たせば　いいかな？

❷ たしざんを　しましょう。

60てん(1つ3)

① $24+4$

② $52+3$

③ $17+2$

④ $34+5$

⑤ $74+1$

⑥ $92+7$

⑦ $43+6$

⑧ $61+2$

⑨ $83+4$

⑩ $75+3$

⑪ $37+1$

⑫ $93+5$

⑬ $65+1$

⑭ $45+4$

⑮ $21+3$

⑯ $37+2$

⑰ $53+4$

⑱ $74+2$

⑲ $82+1$

⑳ $66+3$

24は　20と　4に
わけて　かんがえよう。

まえの　かずを　なん十(じゅう)と　いくつに　わけて　かんがえよう。
おなじ　くらいの　かずどうしを　たせば　いいよ。

36 100までの かずの ひきざん ③

がつ 月 にち 日 じ ふん～ じ ふん
なまえ
てん

1 ひきざんを しましょう。 40てん(1つ2)

① 45－3＝42

② 19－6
10 9

③ 63－1

④ 28－5

⑤ 37－3

⑥ 95－4

⑦ 78－6

⑧ 56－2

⑨ 67－5

⑩ 89－8

⑪ 35－2

⑫ 64－3

⑬ 76－5

⑭ 95－3

⑮ 59－3

⑯ 88－6

⑰ 34－1

⑱ 77－4

⑲ 87－6

⑳ 96－2

どの くらいから
ひけば いいかな？

❷ ひきざんを　しましょう。

60てん(1つ3)

① 24−3　　② 52−1

③ 77−6　　④ 96−5

⑤ 48−4　　⑥ 65−2

⑦ 59−8　　⑧ 36−4

⑨ 87−2　　⑩ 29−7

⑪ 58−1　　⑫ 46−3

⑬ 74−2　　⑭ 69−4

⑮ 49−7　　⑯ 88−5

⑰ 94−3　　⑱ 56−4

⑲ 87−5　　⑳ 99−6

10の　かたまりと　1の　ばらで　かんがえると　いいよ。

10円玉(えんだま)や　1円玉を　おもいうかべて　けいさんしても　いいよ。

がつ 月　にち 日　もくひょうじかん 15 ふん

なまえ　　てん

1 □に はいる かずを かきましょう。 12てん(1つ3)

① 十(じゅう)のくらいが 5、一(いち)のくらいが 3の かずは □

② 10が 8つと 1が 5つで □

③ 64は 10が □つと 1が □つ

2 たしざんを しましょう。 36てん(1つ3)

① 90＋8　② 40＋6

③ 60＋30　④ 20＋50

⑤ 40＋40　⑥ 50＋50

⑦ 75＋2　⑧ 51＋4

⑨ 83＋5　⑩ 32＋4

⑪ 98＋1　⑫ 75＋4

3 □に　はいる　かずを　かきましょう。

16てん(1つ2)

①

② 98 － 99 － □ － □ － 102 － □

③ 115 － 116 － □ － 118 － 119 － □

4 ひきざんを　しましょう。

36てん(1つ3)

① 45－5　　② 78－8

③ 56－1　　④ 83－2

⑤ 60－10　　⑥ 100－20

⑦ 38－4　　⑧ 95－2

⑨ 47－3　　⑩ 53－2

⑪ 79－6　　⑫ 87－3

38 しあげの テスト1

がつ 月　にち 日　もくひょうじかん 15 ふん

なまえ　　　　てん

1 たしざんを　しましょう。

20てん(1つ2)

① 3＋8　　② 7＋5

③ 9＋2　　④ 4＋8

⑤ 6＋7　　⑥ 5＋9

⑦ 8＋6　　⑧ 7＋4

⑨ 9＋3　　⑩ 5＋6

2 ひきざんを　しましょう。

20てん(1つ2)

① 11－4　　② 15－6

③ 13－5　　④ 17－9

⑤ 16－7　　⑥ 12－3

⑦ 11－5　　⑧ 13－6

⑨ 14－8　　⑩ 18－9

3 たしざんを　しましょう。

30てん(1つ3)

① 70+3　② 50+8

③ 40+20　④ 60+10

⑤ 12+5　⑥ 31+6

⑦ 82+7　⑧ 14+4

⑨ 25+3　⑩ 63+2

4 ひきざんを　しましょう。

30てん(1つ3)

① 39−9　② 63−3

③ 45−4　④ 77−2

⑤ 50−20　⑥ 100−80

⑦ 28−6　⑧ 37−4

⑨ 64−3　⑩ 99−7

39 しあげの テスト2

がつ 月　にち 日　もくひょうじかん 15 ふん

なまえ　　　　てん

1 たしざんや ひきざんを しましょう。 36てん(1つ3)

① 4+7　② 9+5

③ 12−4　④ 17−8

⑤ 6+5　⑥ 8+8

⑦ 11−9　⑧ 15−7

⑨ 7+9　⑩ 6+6

⑪ 13−8　⑫ 14−6

2 □に はいる かずを かきましょう。 16てん(1つ4)

① 十(じゅう)のくらいが 7、一(いち)のくらいが 6の かずは □

② 10が 5つと 1が 7つで □

③ 81は 10が □つと 1が □つ

3 大(おお)きい　ほうに　○を　つけましょう。

6てん(1つ2)

① 99　100
(　　)(　　)

② 109　110
(　　)(　　)

③ 122　118
(　　)(　　)

4 たしざんや　ひきざんを　しましょう。

42てん(1つ3)

① 50＋4

② 27－7

③ 68－6

④ 30＋30

⑤ 70－40

⑥ 100－90

⑦ 13＋4

⑧ 82＋5

⑨ 45＋4

⑩ 34＋2

⑪ 95－3

⑫ 57－6

⑬ 88－4

⑭ 76－5

40 2年生の　けいさん

月　日
なまえ

35＋14を　けいさんして　みましょう。
このような　大きな　かずの　たしざんを　する　ときは、**ひっさん**を　します。

<ひっさんの　しかた>

35＋14を　右のように　かきます。

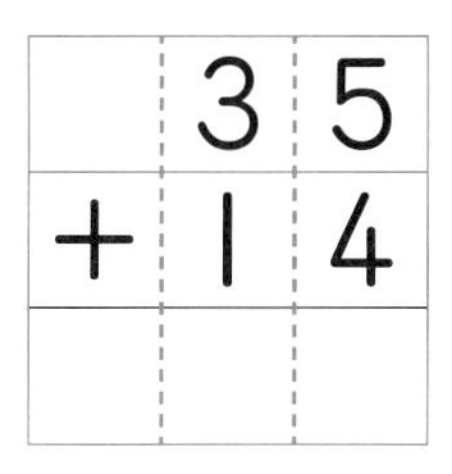

	3	5
＋	1	4

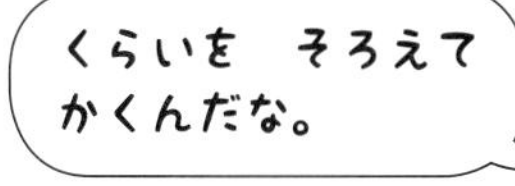

一のくらいを　たします。

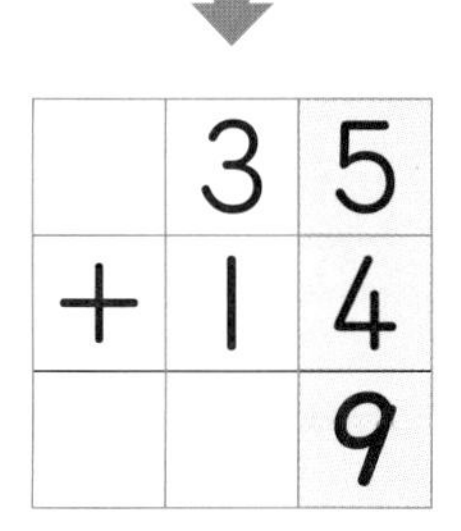

	3	5
＋	1	4
		9

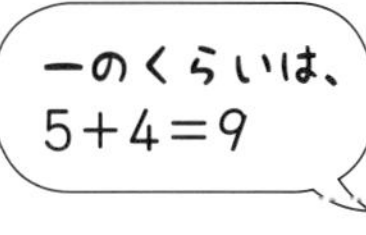

十のくらいを　たします。

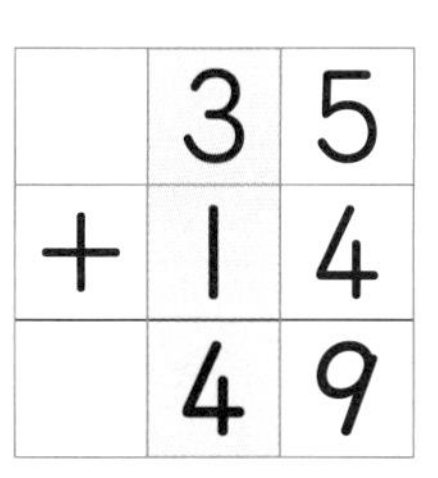

	3	5
＋	1	4
	4	9

十のくらいは、
3＋1＝4
こたえは　49です。

★1　ひっさんに　ちょうせんして　みましょう。

①

	2	4
＋	1	3

②

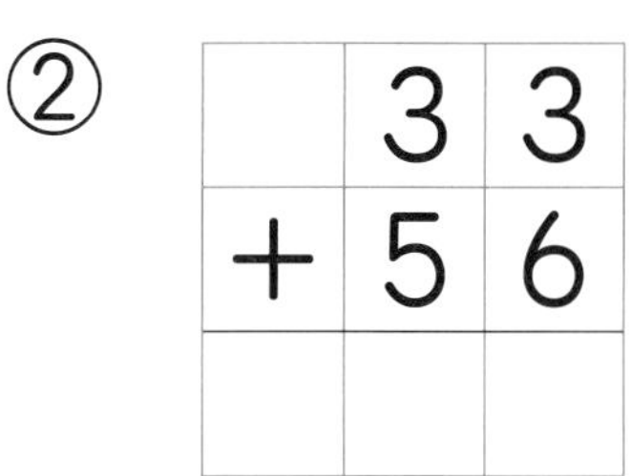

	3	3
＋	5	6

③

	7	0
＋	2	8

35－14を　けいさんして　みましょう。
このような　大(おお)きな　かずの　ひきざんを　する　ときは、**ひっさん**を　します。

<ひっさんの　しかた>

35－14を　右(みぎ)のように　かきます。

	3	5
－	1	4

くらいを　そろえて　かくんだな。

↓

一(いち)のくらいを　ひきます。

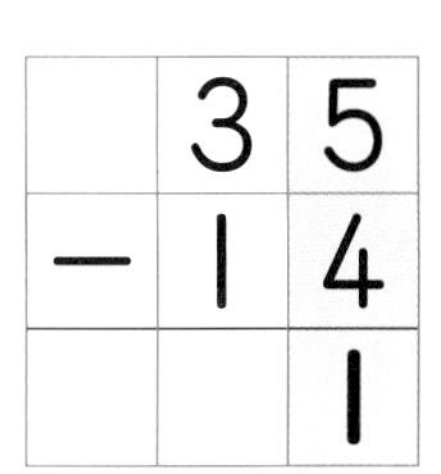

	3	5
－	1	4
		1

一のくらいは、
5－4＝1

↓

十(じゅう)のくらいを　ひきます。

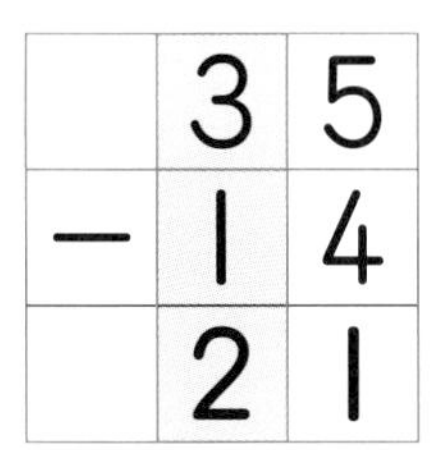

	3	5
－	1	4
	2	1

十のくらいは、
3－1＝2
こたえは　21です。

★2　ひっさんに　ちょうせんして　みましょう。

①

	4	8
－	2	1

②

	5	3
－	3	2

③

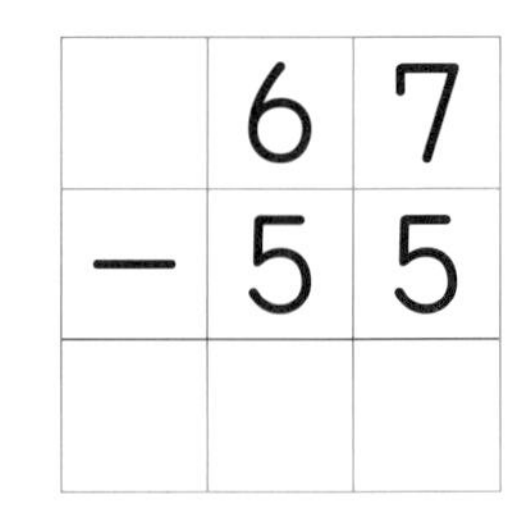

	6	7
－	5	5

こたえ

1年の たしざん・ひきざん 下

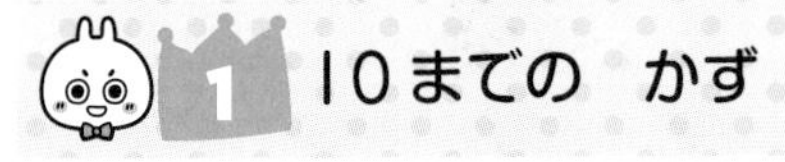

1 10までの かず

❶ ①5　②7　③6
④3　⑤0　⑥4

❷ 0－1－2－3－4－5－6－7－8－9－10

0	1	2	3	4
10	9	8	7	6

（4と6の間に5）

❸

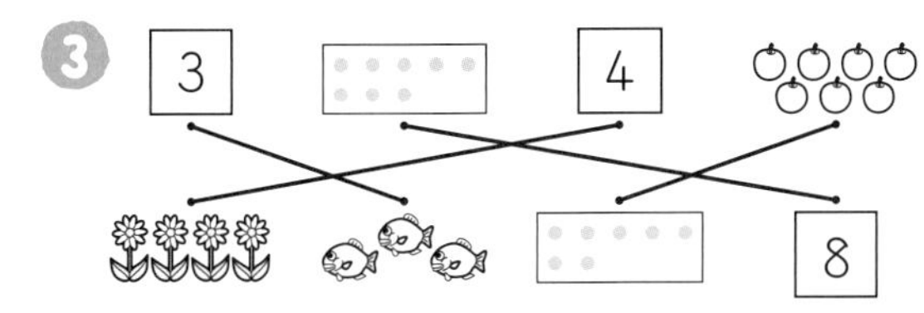

❹ ①6　②4　③3　④7　⑤9　⑥5

❺ ①（○）（　）　②（　）（○）
③（　）（○）　④（○）（　）

おうちの方へ 10まで数えられるだけでなく、数がものの個数を表していることや順序があることを、具体物を通して理解できるようにします。

❶ 何もないことを0といいます。

❷ 数を順に並べます。0も数です。

❹ 数図カードは、くり上がりやくり下がりの学習に役立ちます。

2 いくつと いくつ

❶ ①5
②2

❷ ①5
②4

❸ ①5
②4

❹ ①5
②3

❺ ①2　②3
③3　④6
⑤4　⑥7
⑦2　⑧1
⑨3　⑩6

❻

1	2	3	4	5	6	7	8	9
9	8	7	6	5	4	3	2	1

おうちの方へ ある数が、2つの数に分けられることに慣れます。これは、この後に学習するたし算やひき算に必要です。

絵や数図カードを使って、しっかりと身につけるようにします。

❶～❺ 2つの数のうち、1つを与えています。そのほかにも分けられます。ほかの場合もできるようにしましょう。

❻ 10を2つの数に分けることは、くり上がりやくり下がりの学習に必要です。並び方の特徴にも気づかせて、理解できるようにします。

3 たしざん①

1 ①4 ②6 ③9 ④10 ⑤3 ⑥8 ⑦4 ⑧7 ⑨9 ⑩7 ⑪9 ⑫8 ⑬7 ⑭8 ⑮10 ⑯10 ⑰10 ⑱6

2 ①3 ②7 ③10 ④5 ⑤9 ⑥8 ⑦5 ⑧9 ⑨10 ⑩8 ⑪10 ⑫0 ⑬7 ⑭10 ⑮8 ⑯9 ⑰5 ⑱8 ⑲9 ⑳10 ㉑6 ㉒6 ㉓8

おうちの方へ 10までのくり上がりのないたし算と0のたし算の練習です。
1、2 まだ慣れていない場合は、ブロックを使って、たし算の意味を正しく理解させます。

4 たしざん②

1 ①12 ②16 ③19 ④18 ⑤15 ⑥15 ⑦18 ⑧19 ⑨18 ⑩17 ⑪15 ⑫14 ⑬18 ⑭19 ⑮20 ⑯19 ⑰12 ⑱16

2 ①19 ②18 ③13 ④16 ⑤18 ⑥17 ⑦16 ⑧12 ⑨17 ⑩15 ⑪15 ⑫17 ⑬13 ⑭19 ⑮17 ⑯17 ⑰17 ⑱19 ⑲17 ⑳19 ㉑16 ㉒16 ㉓19

おうちの方へ たとえば、14は10と4に分けられることを理解できると、正しく計算できるようになります。

5 ひきざん①

1 ①2 ②1 ③2 ④4 ⑤2 ⑥4 ⑦4 ⑧0 ⑨3 ⑩1 ⑪0 ⑫1 ⑬1 ⑭5 ⑮8 ⑯1 ⑰8 ⑱0

2 ①5 ②2 ③2 ④1 ⑤2 ⑥3 ⑦2 ⑧0 ⑨6 ⑩1 ⑪2 ⑫5 ⑬1 ⑭0 ⑮8 ⑯3 ⑰7 ⑱0 ⑲6 ⑳5 ㉑0 ㉒5 ㉓10

おうちの方へ 0のひき算を含んだひき算の練習です。わかりにくいときは、無理に頭の中で計算させず、ブロックを使って理解させます。

6 ひきざん②

1 ①12 ②13 ③11 ④17 ⑤12 ⑥10 ⑦15 ⑧13 ⑨11 ⑩11 ⑪11 ⑫13 ⑬10 ⑭11 ⑮11 ⑯10 ⑰12 ⑱10

2 ①16 ②12 ③15 ④12 ⑤16 ⑥10 ⑦12 ⑧11 ⑨14 ⑩12 ⑪14 ⑫14 ⑬14 ⑭13 ⑮10 ⑯14 ⑰17 ⑱13 ⑲16 ⑳11

㉑10 ㉒15
㉓10

おうちの方へ 11～19までの数からある数をひく計算をします。
(1けた)－(1けた)の計算と同じように計算すればよいことを理解します。

7 9＋●の くりあがりの ある たしざん

❶ (じゅんに)
1、
1、
1、
3、13

❷ ①12 ②14
③15 ④17
⑤18 ⑥11
⑦16 ⑧13
⑨12

❸ ①17 ②13
③15 ④14
⑤12 ⑥11
⑦18 ⑧16
⑨13 ⑩17
⑪14 ⑫16
⑬11 ⑭18
⑮15 ⑯12
⑰16 ⑱14
⑲12 ⑳17
㉑15 ㉒13
㉓18 ㉔11

おうちの方へ くり上がりのあるたし算では、10のまとまりをつくることがポイントです。9＋●のたし算は、たされる数が9だから、まず9に1を加えて10のまとまりをつくることを考えます。

❷ 必要に応じて、はじめのうちはブロックなどを使って計算するとよいでしょう。

❸ 計算のしかたを声に出すのも1つの方法です。
①の9＋8を計算する場合、「8を1と7にわける。9に1をたして10、10と7で17」というようにします。

8 8＋●の くりあがりの ある たしざん

❶ (じゅんに)
2、7、
2、
7、17

❷ ①12 ②11
③14 ④15
⑤13 ⑥16

❸ ①11 ②15
③13 ④17
⑤16 ⑥14
⑦12 ⑧11
⑨13 ⑩16
⑪14 ⑫12
⑬15 ⑭17
⑮12 ⑯14
⑰16 ⑱11
⑲17 ⑳13
㉑15 ㉒14
㉓16 ㉔17

おうちの方へ 8＋●のたし算は、たされる数が8だから、まず8に2を加えて10のまとまりをつくることを考えます。

❶ 8＋9の計算は、いままでのように、たされる数8で10のまとまりをつくってもよいのですが、たす数9のほうが8より大きいので、たす数9で10のまとまりをつくるという考え方もできることを紹介しています。
10のまとまりは、たされる数とたす数のどちらでつくってもかまいません。考えやすいほう、計算しやすいほうでしましょう。

❷ ①「4を2と2にわける。8に2をたして10、10と2で12」
というように計算します。

❸ 何度も同じ計算が出てきますが、くり返し練習しましょう。

9 7+●、6+●の くりあがりの ある たしざん

1 ①12 ②11 ③14 ④13 ⑤15 ⑥16 ⑦12 ⑧14

2 ①12 ②11 ③14 ④13 ⑤15 ⑥12 ⑦13 ⑧11

3 ①11 ②14 ③15 ④15 ⑤13 ⑥16 ⑦12 ⑧12 ⑨13 ⑩14 ⑪11 ⑫15 ⑬15 ⑭12 ⑮12 ⑯11 ⑰14 ⑱13 ⑲14 ⑳16 ㉑13 ㉒11 ㉓13 ㉔15 ㉕15 ㉖14

おうちの方へ 7+●や6+●も、いままでと同様に、あといくつで10になるかを考えます。このとき、たされる数とたす数のどちらで10のまとまりを考えてもかまいません。計算しやすいほうでします。

1 ⑤「8を3と5にわける。7に3をたして10、10と5で15」としてもよいし、「7を2と5にわける。8に2をたして10、10と5で15」としてもよいです。

2 ③「8を4と4にわける。6に4をたして10、10と4で14」としてもよいし、「6を2と4にわける。8に2をたして10、10と4で14」としてもよいです。

10 5+●、4+●、3+●、2+●の くりあがりの ある たしざん

1 ①12 ②11 ③14 ④13 ⑤12 ⑥11 ⑦13 ⑧11 ⑨12 ⑩11 ⑪12 ⑫14 ⑬13 ⑭11 ⑮11 ⑯11

2 ①13 ②11 ③12 ④12 ⑤11 ⑥14 ⑦11 ⑧11 ⑨13 ⑩12 ⑪11 ⑫13 ⑬12 ⑭11 ⑮14 ⑯12 ⑰11 ⑱13 ⑲12 ⑳11 ㉑12 ㉒13 ㉓12 ㉔11 ㉕11 ㉖12

おうちの方へ これまでと同様に考えます。特に、たされる数が2～5の場合は、たされる数を2つに分けて10のまとまりをつくるのも1つの方法です。

11 くりあがりの ある たしざん①

1 ①13 ②11 ③12 ④14 ⑤12 ⑥14 ⑦11 ⑧12 ⑨18 ⑩11 ⑪12 ⑫17 ⑬11 ⑭12 ⑮13 ⑯15 ⑰13 ⑱11 ⑲15 ⑳15 ㉑11 ㉒13 ㉓15 ㉔13

2 ①11 ②14 ③12 ④16 ⑤17 ⑥12 ⑦11 ⑧18 ⑨11 ⑩11 ⑪12 ⑫15 ⑬16 ⑭12 ⑮16 ⑯13 ⑰13 ⑱14 ⑲14 ⑳11 ㉑14 ㉒17 ㉓13 ㉔15 ㉕12 ㉖13

おうちの方へ くり上がりのあるたし算の計算練習です。これまでのように、まず10のまとまりをつくることから考えます。

1問1問、あわてずに正確に解くことをめざしましょう。

そして、答えをまちがえた計算があったときは、答えを見て直すだけでなく、かならずその計算をもう一度やり直しましょう。

12 くりあがりの　ある　たしざん②

1 ①13 ②13 ③11 ④12 ⑤11 ⑥11 ⑦12 ⑧17 ⑨14 ⑩16 ⑪12 ⑫14 ⑬11 ⑭12 ⑮13 ⑯13 ⑰12 ⑱11 ⑲14 ⑳17 ㉑12 ㉒15 ㉓14 ㉔16

2 ①15 ②13 ③11 ④12 ⑤14 ⑥15 ⑦16 ⑧11 ⑨18 ⑩13 ⑪13 ⑫12 ⑬13 ⑭15 ⑮12 ⑯14 ⑰13 ⑱15 ⑲17 ⑳12 ㉑11 ㉒14 ㉓16 ㉔11 ㉕11 ㉖16

おうちの方へ はやく計算することよりも、ていねいに正確に計算するようにします。

くり返し計算練習をしているうちに、はやく計算できるようになります。

また、一度計算をし終えたら、かならず見直しをするようにしましょう。

13 くりあがりの　ある　たしざん③

1 ①11 ②14 ③12 ④16 ⑤13 ⑥14 ⑦12 ⑧17 ⑨14 ⑩13 ⑪18 ⑫11 ⑬11 ⑭14 ⑮14 ⑯12 ⑰12 ⑱12 ⑲12 ⑳13 ㉑12 ㉒16 ㉓15 ㉔13

2 ①14 ②12 ③17 ④12 ⑤11 ⑥13 ⑦13 ⑧11 ⑨15 ⑩11 ⑪13 ⑫13 ⑬15 ⑭11 ⑮12 ⑯16 ⑰14 ⑱11 ⑲14 ⑳11 ㉑13 ㉒15 ㉓11 ㉔11 ㉕16 ㉖17

おうちの方へ 一通り計算ができたら、見直しをすることも大切です。見直しは、高学年になってからも大切なことだから、1年生のうちから習慣づけておきたいものです。

そして、たとえば、7+6の計算は、「6を3と3にわける。7に3をたして10、10と3で13」と考えて答えを出したのであれば、今度は、「7を4と3にわける。6に4をたして10、10と3で13」と、もとにする数を変えて考えてみると、答えの確かめにもなります。

また、計算をいそぐあまり、数のかき方が雑になっていないかよく見てあげましょう。一度、雑なかき方に慣れてしまうと、なかなかていねいにかくことができなくなることがあるので、気をつけたいところです。

14 くりあがりの　ある　たしざん④

1
①14 ②11
③18 ④11
⑤15 ⑥13
⑦12 ⑧15
⑨11 ⑩13
⑪17 ⑫15
⑬12 ⑭12
⑮13 ⑯13
⑰11 ⑱16
⑲11 ⑳11
㉑16 ㉒12
㉓16 ㉔12

2
①11 ②16
③15 ④16
⑤13 ⑥13
⑦11 ⑧17
⑨15 ⑩11
⑪14 ⑫12
⑬12 ⑭12
⑮15 ⑯14
⑰11 ⑱13
⑲16 ⑳14
㉑11 ㉒15
㉓14 ㉔11
㉕12 ㉖13

おうちの方へ　くり上がりのあるたし算は、慣れるまでに時間がかかるので、何度もくり返し練習をしましょう。

15 くりあがりの　ある　たしざん⑤

1
①15 ②13
③14 ④12
⑤12 ⑥17
⑦12 ⑧11
⑨15 ⑩12
⑪12 ⑫14
⑬11 ⑭11
⑮17 ⑯11
⑰11 ⑱14
⑲15 ⑳11
㉑12 ㉒16
㉓16 ㉔13

2
①11 ②11
③13 ④16
⑤12 ⑥11
⑦15 ⑧14
⑨12 ⑩14
⑪13 ⑫11
⑬18 ⑭11
⑮15 ⑯11
⑰13 ⑱12
⑲14 ⑳12
㉑14 ㉒15
㉓16 ㉔12
㉕13 ㉖15

おうちの方へ　くり上がりのあるたし算は、１年生の学習内容としてはもちろんのこと、２年生以降の学習にも欠かせないものです。だから、１年生のうちにすばやく正確に計算できるように何度も何度も練習して、定着させておくことがとても大切です。

16 くりあがりの　ある　たしざん⑥

1
①17 ②11
③12 ④14
⑤18 ⑥11
⑦15 ⑧11
⑨13 ⑩16
⑪11 ⑫14
⑬15 ⑭12
⑮16 ⑯13
⑰14 ⑱12
⑲15 ⑳13
㉑13 ㉒13
㉓12 ㉔14

2
①13 ②13
③16 ④12
⑤11 ⑥11
⑦13 ⑧11
⑨18 ⑩11
⑪15 ⑫13
⑬12 ⑭11
⑮12 ⑯14
⑰12 ⑱13
⑲15 ⑳17
㉑14 ㉒11
㉓17 ㉔13
㉕14 ㉖12

おうちの方へ　くり上がりのあるたし算で、10のまとまりをつくることが、まだなかなかできないのであれば、ブロックなどを使ってくり返し練習をし、かならずできるようにしておきましょう。
　復習をすることも大切です。

17 まとめの テスト

1 ①11 ②14 ③15 ④11 ⑤13 ⑥17 ⑦15 ⑧13 ⑨13 ⑩11 ⑪14 ⑫13 ⑬12 ⑭12 ⑮15 ⑯12 ⑰12 ⑱11 ⑲12 ⑳11 ㉑18 ㉒13 ㉓11 ㉔15

2 ①12 ②11 ③12 ④13 ⑤14 ⑥13 ⑦12 ⑧18 ⑨16 ⑩11 ⑪11 ⑫14 ⑬15 ⑭15 ⑮16 ⑯11 ⑰17 ⑱16 ⑲12 ⑳13 ㉑14 ㉒11 ㉓13 ㉔12 ㉕14 ㉖17

おうちの方へ 答えが20までのたし算のまとめのテストです。10のまとまりをつくることを考えます。10のまとまりは、たされる数とたす数のどちらでつくってもかまいません。どちらが計算しやすいか考えさせましょう。

18 ●−9の くりさがりの ある ひきざん

1 ①(じゅんに)10、10、1、3
②(じゅんに)10、10、1、1、4

2 ①5 ②7 ③6 ④8 ⑤9 ⑥4

3 ①6 ②3 ③8 ④4 ⑤7 ⑥5 ⑦9 ⑧2

4 (じゅんに)2、7、10、10、3

5 ①2 ②4 ③5 ④6

おうちの方へ くり下がりのあるひき算をします。12の2より、ひく数の9が大きいために、今までと同じようにひけないことに気づかせます。そのときの方法として、くり下がりを使うことを覚えさせます。10からならば、1けたの数はかならずひくことができます。ここで使うのが「10はいくつといくつ」という考え方です。「10−●」という計算は、確実にできるようにしておきましょう。

1 くり下がりの意味を、数図ブロックで理解します。そして、同じことを数字を見てできるようにします。慣れるまでは、言葉で言いながら計算をして、やり方を覚えさせます。

4 別のくり下がりの考え方です。
12の一の位の数2だけをひき、次に9のうちのまだひきたりない7を10からひいて3と答えを出す方法です。

5 **1**のしかたと**4**のしかたのどちらで解いてもよいです。

19 ●−8、●−7の くりさがりの ある ひきざん

1 ①(じゅんに)10、10、2、2、3
②(じゅんに)10、10、3、3、4
③(じゅんに)6、10、10、4

2 ①3 ②4 ③5 ④6 ⑤7 ⑥8 ⑦9 ⑧4 ⑨5 ⑩6 ⑪7 ⑫8 ⑬9 ⑭9 ⑮6 ⑯8 ⑰4 ⑱8 ⑲7 ⑳4 ㉑5 ㉒9 ㉓5 ㉔7

おうちの方へ　8と7をひく計算をします。9をひくときと同様に、ひかれる数を10といくつに分けて、10からひきます。その答えを、ひかれる数の一の位の数にたす理由を、ブロックで確かめます。

❶　①9をひく計算と見比べて、同じことをしていることに気づかせます。

②は同じことを数字を見てできるようにします。言葉で「11を10と1にわける。10から7をひいて3、3と1で4」などと言いながらしかたを覚えさせます。

③は別のしかたです。ひく数のほうを2つに分けて、ひかれる数を10にして計算するしかたで、次のような計算をしています。

11−7=11−(1+6)=(11−1)−6
=10−6=4

❷　10からひいた答えを小さくかくと、計算がしやすくなります。

20 ●−6、●−5の くりさがりの　ある　ひきざん

❶ ①(じゅんに)
10、
10、4、
4、7
②(じゅんに)
10、
10、5、
5、8
③(じゅんに)
2、
10、
10、8

❷ ①5　②6
③7　④8
⑤9　⑥6
⑦7　⑧8
⑨9　⑩9
⑪7　⑫5
⑬8　⑭6
⑮9　⑯8
⑰7　⑱6
⑲9　⑳9
㉑5　㉒7
㉓8　㉔6

おうちの方へ　6と5をひく計算をします。これまでと同様に、ひかれる数を10といくつに分けて、10からひきます。くり下がりは、子どもたちにとって、少し難しい問題です。慣れるまでは、ブロックを使って、計算の方法の理解に努めます。

❶　これまでのひき算と同じことをすることに気づかせます。③は別のしかたで、18回、19回でも扱っています。

くり下がりのあるひき算の計算のしかたにはいろいろあります。③の方法は、ひかれる数の一の位とひく数の大きさが近いときに出てきやすい考え方です。

❷　❶のしかたで計算します。10からひいた答えを小さくかくと、計算がしやすくなります。

21 ●−4、●−3、●−2の くりさがりの　ある　ひきざん

❶ ①(じゅんに)
10、6、
6、9
②(じゅんに)
10、
10、7、
7、9
③(じゅんに)
10、
10、8、
8、9

❷ ①7　②8
③9　④8
⑤9　⑥9
⑦9　⑧8
⑨8　⑩7
⑪9　⑫9
⑬8　⑭9
⑮8　⑯9

❸ (じゅんに)
1、
10、
10、9

おうちの方へ これでくり下がりのある計算がすべてできるようになります。まずは、どんな数をひくときも、10からひくことを理解します。それがわかったら、いろいろな考え方があることを覚えさせます。❸は別のしかたです。

22 くりさがりの ある ひきざん①

❶ ①9 ②8 ③9 ④7 ⑤8 ⑥9 ⑦6 ⑧7 ⑨8 ⑩9 ⑪5 ⑫6 ⑬7 ⑭8 ⑮9 ⑯4 ⑰5 ⑱6 ⑲7 ⑳8 ㉑9 ㉒8 ㉓6 ㉔7

❷ ①3 ②4 ③5 ④6 ⑤7 ⑥8 ⑦9 ⑧2 ⑨3 ⑩4 ⑪5 ⑫6 ⑬7 ⑭8 ⑮9 ⑯6 ⑰7 ⑱9 ⑲5 ⑳7 ㉑9 ㉒8 ㉓7 ㉔9 ㉕8 ㉖5

おうちの方へ くり下がりのあるひき算は、全部で36通りしかありません。答えを覚えるぐらいくり返して練習します。そろそろブロックを使わずに計算してみます。

❶ ①〜㉑まで、ひかれる数が18から13まで順に並んでいます。

❷ ❶の続きのひかれる数が12からの問題です。

❶の最後と❷の後半は、順序が不規則になっています。

23 くりさがりの ある ひきざん②

❶ ①9 ②8 ③7 ④6 ⑤5 ⑥4 ⑦3 ⑧2 ⑨3 ⑩4 ⑪5 ⑫6 ⑬7 ⑭8 ⑮9 ⑯9 ⑰8 ⑱7 ⑲6 ⑳5 ㉑4 ㉒6 ㉓8 ㉔7

❷ ①5 ②6 ③7 ④8 ⑤9 ⑥6 ⑦7 ⑧8 ⑨9 ⑩7 ⑪8 ⑫9 ⑬8 ⑭9 ⑮9 ⑯8 ⑰9 ⑱6 ⑲9 ⑳8 ㉑5 ㉒7 ㉓5 ㉔9 ㉕8 ㉖7

おうちの方へ 式だけを見て計算できるようにします。ひかれる数を10といくつに分けて、10からひくことを確実にできるようにします。

❶ ①〜㉑まで、ひく数が9から7まで順に並んでいます。10からひいた数が同じですから、その後のたされる数も同じになります。

❷ ❶の続きのひく数が6からの問題です。

❶の最後と❷の後半は、順序が不規則になっています。

24 くりさがりの　ある　ひきざん③

1
①9　②8
③7　④6
⑤5　⑥4
⑦3　⑧2
⑨9　⑩8
⑪7　⑫6
⑬5　⑭4
⑮3　⑯9
⑰8　⑱7
⑲6　⑳5
㉑4　㉒9
㉓8　㉔7
㉕6　㉖5

2
①9　②8
③7　④6
⑤9　⑥8
⑦7　⑧9
⑨8　⑩9
⑪6　⑫3
⑬9　⑭9
⑮6　⑯7
⑰9　⑱6
⑲8　⑳7
㉑9　㉒6
㉓8　㉔9

おうちの方へ　くり下がりのあるひき算の練習です。慣れるまでは、ひき算のしかたを声にだしながら計算するなどして、確実にできるようにします。くり返し練習することで、計算がはやくなり、定着してきます。すべての問題に、10からひく計算がでてきています。この計算が確実にできることがとても大切です。

1　ひかれる数が11から14まで順に並んでいます。10からひく計算から始めることを確実にできるようにします。

2　ひかれる数が15から18まで順に並んでいます。⑪からは不規則に並んでいます。

25 くりさがりの　ある　ひきざん④

1
①9　②7
③5　④3
⑤9　⑥7
⑦5　⑧3
⑨9　⑩7
⑪5　⑫9
⑬7　⑭5
⑮9　⑯7
⑰9　⑱7
⑲9　⑳9
㉑4　㉒6
㉓5　㉔8

2
①8　②6
③4　④8
⑤6　⑥4
⑦8　⑧6
⑨8　⑩6
⑪8　⑫8
⑬5　⑭7
⑮8　⑯5
⑰3　⑱6
⑲9　⑳7
㉑8　㉒7
㉓8　㉔2
㉕9　㉖7

おうちの方へ　くり下がりのあるひき算の練習です。10からひいた答えを、ひかれる数の下にかくなどして、確実に計算できるようにします。

26 くりさがりの　ある　ひきざん⑤

1
①8　②3
③8　④6
⑤9　⑥6
⑦5　⑧9
⑨5　⑩7
⑪9　⑫3
⑬7　⑭4
⑮8　⑯7
⑰4　⑱8
⑲6　⑳4
㉑9　㉒2
㉓5　㉔7

2
①8　②9
③9　④6
⑤3　⑥9
⑦7　⑧4
⑨4　⑩8
⑪7　⑫5
⑬7　⑭6
⑮8　⑯8
⑰9　⑱3
⑲9　⑳6
㉑6　㉒8
㉓5　㉔6
㉕5　㉖9

おうちの方へ くり下がりのあるひき算の練習です。これまでとちがって、問題の並び順に規則性はありません。まちがいが増えるかもしれませんが、あせらずに、ていねいに計算させます。

1、2 まちがえたときには、どこでまちがえたのか気づかせます。10からのひき算なのか、その後のたし算なのか、まちがいの場所がわかると、次からどこで気をつければよいかわかります。

27 くりさがりの ある ひきざん⑥

1 ①9 ②8 ③8 ④9 ⑤6 ⑥6 ⑦8 ⑧9 ⑨7 ⑩7 ⑪9 ⑫8 ⑬8 ⑭7 ⑮7 ⑯6 ⑰9 ⑱9 ⑲8 ⑳7 ㉑7 ㉒9 ㉓9 ㉔8

2 ①9 ②5 ③6 ④3 ⑤2 ⑥8 ⑦6 ⑧4 ⑨8 ⑩7 ⑪5 ⑫5 ⑬9 ⑭4 ⑮6 ⑯7 ⑰7 ⑱6 ⑲9 ⑳8 ㉑7 ㉒7 ㉓4 ㉔9 ㉕3 ㉖5

おうちの方へ くり下がりのあるひき算の最後の練習です。子どもたちは、練習しているうちに、いくつかの計算は答えを覚えてしまいます。しかし、初めのうちは覚えまちがいもありますので、気をつけます。同じ問題でまちがえていないかをチェックしてあげます。

1、2 まちがえた問題をもう一度やり直しましょう。

28 まとめの テスト

1 (じゅんに)
10、
10、2、
2、7、
3

2 ①2 ②4 ③5 ④5 ⑤4 ⑥3 ⑦4 ⑧5 ⑨5 ⑩3

3 ①6 ②8 ③8 ④9 ⑤6 ⑥7 ⑦7 ⑧9 ⑨9 ⑩8 ⑪8 ⑫6 ⑬9 ⑭9 ⑮9 ⑯7 ⑰6 ⑱8 ⑲7 ⑳9 ㉑7 ㉒6 ㉓9 ㉔8 ㉕8 ㉖7

おうちの方へ 18回から27回までのまとめのテストです。

くり下がりのあるひき算では、ひかれる数を10といくつに分けて、10からひいたその答えを、ひかれる数の一の位の数にたします。

1 ひき算のしかたの確認をします。いろいろな考え方がありますが、十の位からひく「くり下がり」の考え方を身につけることが大切です。

2 答えが5以下になるくり下がりのあるひき算になっています。正しい計算のしかたをしているか確認します。

3 答えが6以上になるくり下がりのあるひき算になっています。10からのひき算やその後のたし算でまちがえていないか確認します。

29 100までの かず

1 ①33 ②50
③47 ④60

2 ①89
②63
③90
④7、5
⑤10

3 ①48 ②60
③96

4 ①82 に ○
②76 に ○
③68 に ○

5 (ひだりから)
①95、98、100
②51、49、48
③40、50、90

おうちの方へ 100までの数のかき方、表し方、数の並び、数の大小などを学習します。

1 10の束がいくつ、ばらがいくつあるかをそれぞれ数えます。10の束の数が十の位の数、ばらの数が一の位の数になります。33を「303」とかかないように気をつけます。

2 ③0のかきわすれに気をつけます。

4 十の位の数からくらべていきます。
③十の位の数が同じだから、一の位の数をくらべます。

5 ②1ずつ小さくなっています。
③10ずつ大きくなっています。

30 100までの かずの たしざん①

1 ①34 ②52
③27 ④83
⑤95 ⑥36
⑦68 ⑧29
⑨43 ⑩71
⑪56 ⑫93
⑬64 ⑭47
⑮85 ⑯22
⑰79 ⑱58
⑲44 ⑳91
㉑37 ㉒65
㉓86 ㉔72

2 ①31 ②59
③77 ④98
⑤25 ⑥42
⑦87 ⑧63
⑨54 ⑩75
⑪26 ⑫49
⑬67 ⑭38
⑮81 ⑯99
⑰23 ⑱51
⑲92 ⑳74
㉑46 ㉒35
㉓66 ㉔88
㉕95 ㉖73

おうちの方へ 何十といくつのたし算です。

1 ①30+4は、
「30と4をあわせて34」
のように計算します。

31 100までの かずの ひきざん①

1 ①30 ②20
③70 ④50
⑤20 ⑥40
⑦80 ⑧90
⑨50 ⑩60
⑪20 ⑫50
⑬70 ⑭40
⑮80 ⑯30
⑰40 ⑱60
⑲90 ⑳70
㉑60 ㉒90
㉓50 ㉔80

2 ①20 ②60
③40 ④90
⑤70 ⑥30
⑦90 ⑧50
⑨80 ⑩60
⑪30 ⑫70
⑬20 ⑭50
⑮90 ⑯40
⑰60 ⑱80
⑲70 ⑳90
㉑50 ㉒20
㉓80 ㉔30
㉕40 ㉖50

おうちの方へ (何十何)−(何)の計算をします。

32 100を　こえる　かず

1 ①112
②130
③104
④116

2 ①ひゃく　じゅうよん
（ひゃく　じゅうし）
②ひゃく　にじゅう
③ひゃく　ご
④ひゃく　はち

3 ①104 ②108
③110 ④119

4 （ひだりから）
①101、116
②103、110、117
③70、100

5 ①101 に　○
②108 に　○
③116 に　○

おうちの方へ　100より大きい数のかき方や読み方、大小などを130までの数で確認します。100までの数に続いて120までの表は次のようになります。

91	92	93	94	95	96	97	98	99	100
101	102	103	104	105	106	107	108	109	110
111	112	113	114	115	116	117	118	119	120
121									

1　②は10030や13、③は1004や14などのかきまちがいに気をつけます。
2　100より大きい数の読み方を確認します。
3　数の並び方の問題です。
4　1目もりがいくつを表しているかを考えます。
5　大きな数の大小比較です。

33 100までの　かずの　たしざん②

1 ①60 ②40
③50 ④80
⑤80 ⑥80
⑦70 ⑧100
⑨70 ⑩60
⑪40 ⑫70
⑬90 ⑭90
⑮80 ⑯80
⑰100

2 ①70 ②60
③90 ④30
⑤40 ⑥80
⑦80 ⑧70
⑨50 ⑩90
⑪70 ⑫100
⑬90 ⑭90
⑮100 ⑯50
⑰90 ⑱60
⑲90 ⑳100
㉑30 ㉒50

おうちの方へ　10がいくつ分になるかを考えることが基本になります。わかりにくいときは、実際に10円玉を使って考えてみるとよいでしょう。
1　①20は10が2つ、40は10が4つだから、あわせて10が6つで60というように考えます。
⑧10が1つと9つだから、あわせて10が10こで100になります。

34 100までの　かずの　ひきざん②

1 ①30 ②30
③60 ④10
⑤10 ⑥40
⑦60 ⑧30
⑨50 ⑩40
⑪20 ⑫30
⑬50 ⑭10
⑮40 ⑯10
⑰30 ⑱40
⑲20 ⑳30

2 ①20 ②10
③70 ④20
⑤10 ⑥50
⑦50 ⑧70
⑨20 ⑩20
⑪20 ⑫20
⑬10 ⑭30
⑮10 ⑯80
⑰90 ⑱60
⑲40 ⑳10

おうちの方へ (何十)－(何十)の計算をします。10がいくつ分になるかを考えることが基本になります。

35 100までの　かずの たしざん③

1
①39 ②68
③95 ④29
⑤34 ⑥79
⑦48 ⑧47
⑨87 ⑩59
⑪46 ⑫28
⑬38 ⑭19
⑮29 ⑯79
⑰53 ⑱48
⑲35 ⑳65

2
①28 ②55
③19 ④39
⑤75 ⑥99
⑦49 ⑧63
⑨87 ⑩78
⑪38 ⑫98
⑬66 ⑭49
⑮24 ⑯39
⑰57 ⑱76
⑲83 ⑳69

おうちの方へ たされる数を10のまとまりと1のばらに分けて、次のように同じ位の数どうしを計算します。

1 ①たされる数の36を30と6に分けて、「6＋3＝9、30と9を合わせて39」というように計算します。

36＋3
30 6
9
39

36 100までの　かずの ひきざん③

1
①42 ②13
③62 ④23
⑤34 ⑥91
⑦72 ⑧54
⑨62 ⑩81
⑪33 ⑫61
⑬71 ⑭92
⑮56 ⑯82
⑰33 ⑱73
⑲81 ⑳94

2
①21 ②51
③71 ④91
⑤44 ⑥63
⑦51 ⑧32
⑨85 ⑩22
⑪57 ⑫43
⑬72 ⑭65
⑮42 ⑯83
⑰91 ⑱52
⑲82 ⑳93

おうちの方へ 2けたの数から1けたの数をひく計算をします。

37 まとめの テスト

1
①53
②85
③6、4

2
①98 ②46
③90 ④70
⑤80 ⑥100
⑦77 ⑧55
⑨88 ⑩36
⑪99 ⑫79

3 (ひだりから)
①80、82、83
②100、101、103
③117、120

4
①40 ②70
③55 ④81
⑤50 ⑥80
⑦34 ⑧93
⑨44 ⑩51
⑪73 ⑫84

おうちの方へ 大きな数とそのたし算やひき算に関するまとめのテストです。

3 すべて1ずつ数が大きくなっています。99より1大きい数は100です。119より1大きい数は120です。

38 しあげの テスト1

1 ①11 ②12 ③11 ④12 ⑤13 ⑥14 ⑦14 ⑧11 ⑨12 ⑩11

2 ①7 ②9 ③8 ④8 ⑤9 ⑥9 ⑦6 ⑧7 ⑨6 ⑩9

3 ①73 ②58 ③60 ④70 ⑤17 ⑥37 ⑦89 ⑧18 ⑨28 ⑩65

4 ①30 ②60 ③41 ④75 ⑤30 ⑥20 ⑦22 ⑧33 ⑨61 ⑩92

おうちの方へ 1年生のたし算とひき算の計算力が身についたかを確認するための仕上げのテストです。目標時間内に答えられるようにしましょう。80点以上とれれば、1年のたし算とひき算の力がついたといえます。

1 くり上がりのあるたし算です。10のまとまりをつくって計算しましょう。これは全部、確実に答えられるようにしておきたいものです。

2 くり下がりのあるひき算です。くり下がりのあるひき算は全部で36通りしかありません。ひかれる数を10といくつに分けて、10からひくことを確実にできるようにします。

3 100までの数のたし算です。同じ位どうしを計算します。

4 100までの数のひき算です。たし算と同じように、同じ位どうしを計算します。

39 しあげの テスト2

1 ①11 ②14 ③8 ④9 ⑤11 ⑥16 ⑦2 ⑧8 ⑨16 ⑩12 ⑪5 ⑫8

2 ①76 ②57 ③8、1

3 ①100に ○ ②110に ○ ③122に ○

4 ①54 ②20 ③62 ④60 ⑤30 ⑥10 ⑦17 ⑧87 ⑨49 ⑩36 ⑪92 ⑫51 ⑬84 ⑭71

おうちの方へ

1、**4** 「しあげの テスト1」と同じ種類の問題で構成しています。「しあげの テスト1」でまちがえた問題があった場合、今回の問題では確実に解けるようにしておきたいです。今回もまちがえてしまったときは、その問題の単元を復習しておきましょう。

2 100までの数のかき方、十の位・一の位で表すことを理解させます。

3 数の大小の問題です。大きな位から順にくらべていきます。

40 2年生の　けいさん

★1

① 24 ＋ 13 ＝ 37

	2	4
＋	1	3
	3	7

② 33 ＋ 56 ＝ 89

	3	3
＋	5	6
	8	9

③ 70 ＋ 28 ＝ 98

	7	0
＋	2	8
	9	8

おうちの方へ　2年生になると、少し難しい2けたの数どうしの計算をします。そこで使う方法が筆算です。

考え方は、1年生のときと同じように十の位・一の位の数をそれぞれ計算するということです。

ここでは、この筆算のしかたをくり上がりのない簡単な場合で紹介しています。問題にも挑戦してみましょう。

①

	2	4
＋	1	3
		7

・一の位は、4＋3＝7

↓

	2	4
＋	1	3
	3	7

・十の位は、2＋1＝3

②

	3	3
＋	5	6
		9

・一の位は、3＋6＝9

↓

	3	3
＋	5	6
	8	9

・十の位は、3＋5＝8

③

	7	0
＋	2	8
		8

・一の位は、0＋8＝8

↓

	7	0
＋	2	8
	9	8

・十の位は、7＋2＝9

1年生で学習したたし算は、計算のしかただけでなく、考え方も2年生につながっています。

★2

①

	4	8
－	2	1
	2	7

②

	5	3
－	3	2
	2	1

③

	6	7
－	5	5
	1	2

おうちの方へ

①

	4	8
－	2	1
		7

・一の位は、8－1＝7

↓

	4	8
－	2	1
	2	7

・十の位は、4－2＝2

②

	5	3
－	3	2
		1

・一の位は、3－2＝1

↓

	5	3
－	3	2
	2	1

・十の位は、5－3＝2

③

	6	7
－	5	5
		2

・一の位は、7－5＝2

↓

	6	7
－	5	5
	1	2

・十の位は、6－5＝1

ここにはありませんが、くり下がりが出てくると、上の位から10をかりてきて、そこからまずひきます。これは1年生のくり下がりの考え方と同じです。

1年生で学習したひき算は、計算のしかただけでなく、考え方も2年生につながっています。